园林工程专业人员入门必读

U0169152

园林工程
识图与预算

阎秀敏　主编

中国电力出版社
CHINA ELECTRIC POWER PRESS

内 容 提 要

本书内容共六章，包括园林工程识图，园林工程预算的基础知识，园林工程预算，绿化工程工程量计算，园路、园桥、假山工程工程量计算，园林景观工程工程量计算。

本书是编者根据国家现行的园林工程相关标准与设计规范等精心编写而成的，内容翔实，系统性强，将新知识、新观念、新方法与职业性、实用性和开放性融合，培养读者园林工程识图与预算方面的实践能力和管理经验，力求做到技术先进、实用，文字通俗易懂。

本书适用于从事园林预算人员参考使用，也可作为大中专相关专业师生学习参考资料。

图书在版编目（CIP）数据

园林工程识图与预算/阎秀敏主编．—北京：中国电力出版社，2022.3
（园林工程专业人员入门必读）
ISBN 978 - 7 - 5198 - 5341 - 9

Ⅰ．①园… Ⅱ．①阎… Ⅲ．①造园林—工程制图—识图②园林—工程施工—建筑预算定额
Ⅳ．①TU986.2②TU986.3

中国版本图书馆 CIP 数据核字（2021）第 022871 号

出版发行：中国电力出版社
地　　址：北京市东城区北京站西街 19 号（邮政编码 100005）
网　　址：http://www.cepp.sgcc.com.cn
责任编辑：未翠霞　关　童（010 - 63412611）
责任校对：黄　蓓　朱丽芳
装帧设计：王红柳
责任印制：杨晓东

印　　刷：三河市航远印刷有限公司
版　　次：2022 年 3 月第一版
印　　次：2022 年 3 月北京第一次印刷
开　　本：787 毫米×1092 毫米　16 开本
印　　张：10.5
字　　数：259 千字
定　　价：56.00 元

前　　言

随着我国经济的快速发展，城市建设规模不断扩大，作为城市建设重要组成部分的园林工程也随之快速发展。人们的生活水平提高，越来越重视生态环境，园林工程对改善环境上有重大影响。

在此期间，工程造价是促进投资经济效益和提高市场经济管理水平的重要手段，具有很强的技术性、经济性和政策性。为了不断深化改革和完善建筑造价，与国际造价接轨，进一步推动我国经济的发展，我国需要培养大量的工程造价专业人才。为了培养大量的优秀工程造价专业人才，帮助造价人员快速了解掌握园林造价方面的内容，我们精心编写了《园林工程识图与预算》。

本书是编者根据国家现行的园林工程相关标准与设计规范等精心编写而成的，从基础的识图知识开始，讲解如何识读园林施工图，引导读者读懂园林施工图纸，通过预算的相关知识，帮助造价人员了解并快速掌握预算知识，内容翔实，系统性强。在结构体系上重点突出，详略得当，注意知识的融会贯通，突出了综合性的编写原则。将新知识、新观念、新方法与职业性、实用性和开放性融合，培养读者园林工程识图与预算方面的识图能力和预算能力，力求做到内容准确、实用，文字通俗易懂。

本书可供从事园林预算人员参考使用，也可作为大中专相关专业师生学习参考资料。

在本书的编写过程中，参考了一些书籍、文献和网络资料，力求做到内容充实与全面。在此谨向给予指导和支持的专家、学者以及参考书、网站资料的作者致以衷心的感谢。

我们特意建了 QQ 群，以方便广大读者学习交流，并上传了有关园林方面的资料。QQ群号：581823045。

由于园林工程识图与预算涉及面广，内容繁多，本书很难全面反映，加之编者的学识、经验以及时间有限，书中若有疏漏或不妥之处，希望广大读者批评指正。

编　者

目　　录

第一章 园林工程识图

第一节 工程制图国家标准

一、图纸幅面

图纸幅面及图框尺寸应符合表 1-1 的规定及如图 1-1～图 1-4 所示的格式。

表 1-1　　　　　　　　图纸幅面及图框尺寸　　　　　　　　（单位：mm）

尺寸代号	幅面代号				
	A0	A1	A2	A3	A4
$b \times l$	841×1189	594×841	420×594	297×420	210×297
c	10			5	
a	25				

注：表中 b 为幅面短边尺寸，l 为幅面长边尺寸，c 为图框线与幅面线间宽度，a 为图框线与装订边间宽度。

需要微缩复制的图纸，其一条边上应附有一段准确的米制尺度，四条边上均附有对中标志，米制尺度的总长应为 100mm，分格应为 10mm。对中标志应画在图纸各边长的中点处，线宽应为 0.35mm，伸入框内应为 5mm。

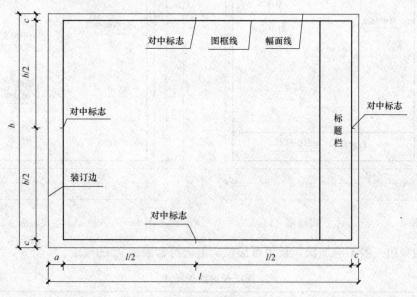

图 1-1　A0～A3 横式幅面（1）

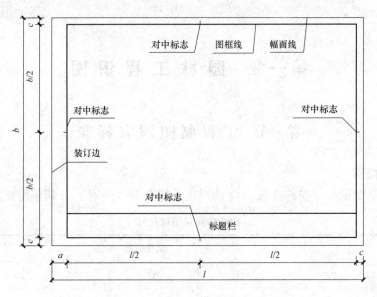

图 1-2　A0～A3 横式幅面（2）

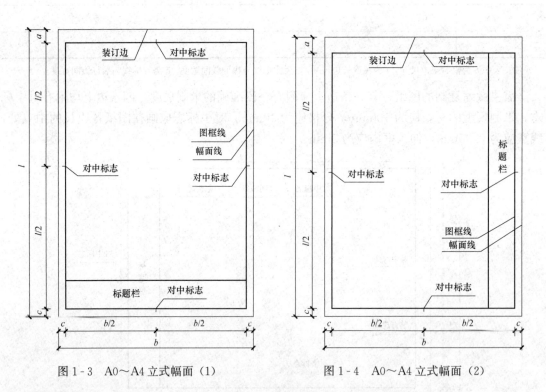

图 1-3　A0～A4 立式幅面（1）　　　　图 1-4　A0～A4 立式幅面（2）

图纸的短边一般不应加长，长边可加长，但应符合表 1-2 的规定。

表 1-2　　　　　　　　　　　　　图纸长边加长尺寸　　　　　　　　　　　（单位：mm）

幅面尺寸	长边尺寸	长边加长后尺寸						
A0	1189	1486	1635	1783	1932	2080	2230	2378
A1	841	1051	1261	1471	1682	1892	2102	

幅面尺寸	长边尺寸	长边加长后尺寸						
A2	594	743	891	1041	1189	1338	1486	1635
		1783	1932	2080				
A3	420	630	841	1051	1261	1471	1682	1892

注：有特殊需要的图纸，可采用 $b×l$ 为 841mm×891mm 与 1189mm×1261mm 的幅面。

图纸以短边作为垂直边称为横式，以短边作为水平边称为立式。一般 A0～A3 图纸宜横式使用；必要时，也可立式使用。

一个工程设计项目中，每个专业所使用的图纸不含目录及表格所采用的 A4 幅面，且一般不宜多于两种幅面。

二、标题栏及会签栏

标题栏应符合图 1-5、图 1-6 的规定，根据工程的需要选择确定其尺寸、格式及分区。签字栏应包括实名列和签名列，并应符合下列规定：涉外工程的标题栏内，各项主要内容的中文下方应附有译文，设计单位的上方或左方应加"中华人民共和国"字样。在计算机制图文件中，当使用电子签名与认证时，应符合国家有关电子签名法的规定。

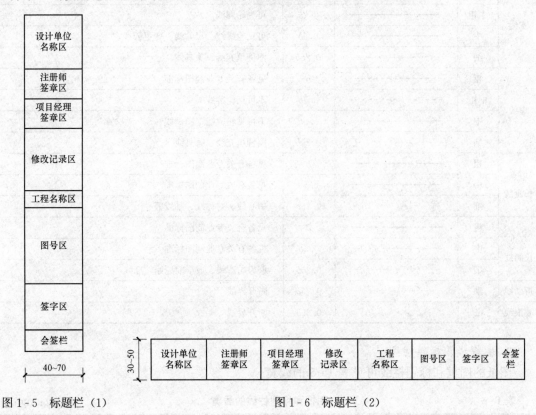

图 1-5　标题栏（1）　　　　　　　　图 1-6　标题栏（2）

三、图线

1. 图线宽度选取

图线的宽度 b，宜从 1.4、1.0、0.7、0.5、0.35、0.25、0.18、0.13mm 线宽系列中选取。图线宽度不应小于 0.1mm。每个图样应根据复杂程度与比例大小，先选定基本线宽 b，再选用相应的线宽组，见表 1-3。

表 1-3　　　　　　　　　　　线宽组　　　　　　　　　（单位：mm）

线宽比	线宽组			
b	1.4	1.0	0.7	0.5
$0.7b$	1.0	0.7	0.5	0.35
$0.5b$	0.7	0.5	0.35	0.25
$0.25b$	0.35	0.25	0.18	0.13

注：1. 需要缩微的图纸，不宜采用 0.18mm 及更细的线宽。

　　2. 同一张图纸内，各不同线宽中的细线，可统一采用较细线宽组中的细线。

2. 常见线型宽度及用途

工程建设制图应选用的图线见表 1-4。

表 1-4　　　　　　　　　图　　　线

名称		线型	线宽	用途
实线	粗	———	b	主要可见轮廓线
	中粗	———	$0.7b$	可见轮廓线
	中	———	$0.5b$	可见轮廓线、尺寸线、变更云线
	细	———	$0.25b$	图例填充线、家具线
虚线	粗	- - -	b	见各有关专业制图标准
	中粗	- - -	$0.7b$	不可见轮廓线
	中	- - -	$0.5b$	不可见轮廓线、图例线
	细	- - -	$0.25b$	图例填充线、家具线
单点长画线	粗	— · —	b	见各有关专业制图标准
	中	— · —	$0.5b$	见各有关专业制图标准
	细	— · —	$0.25b$	中心线、对称线、轴线等
双点长画线	粗	— ·· —	b	见各有关专业制图标准
	中	— ·· —	$0.5b$	见各有关专业制图标准
	细	— ·· —	$0.25b$	假想轮廓线、成形前原始轮廓线
折断线	细	∿	$0.25b$	断开界线
波浪线	细	～	$0.25b$	断开界线

3. 图框线、标题栏线

图纸的图框和标题栏线可见表 1-5 的线宽。

表 1-5　　　　　　　图框和标题栏线的线宽　　　　　　（单位：mm）

幅面代号	图框线	标题栏外框线	标题栏分格线
A0、A1	b	$0.5b$	$0.25b$
A2、A3、A4	b	$0.7b$	$0.35b$

4. 其他规定

(1) 同一张图纸内，相同比例的各图样应选用相同的线宽组。

(2) 相互平行的图线，其间隙不宜小于其中的粗线宽度，且不宜小于 0.2mm。

(3) 虚线、单点长画线或双点长画线的线段长度和间隔宜各自相等。

(4) 单点长画线或双点长画线，当在较小图形中绘制有困难时，可用实线代替。

(5) 单点长画线或双点长画线的两端不应是点。点画线与点画线交接或点画线与其他图线交接时，应是线段交接。

(6) 虚线与虚线交接或虚线与其他图线交接时，应是线段交接。虚线为实线的延长线时，不得与实线相接。

(7) 图线不得与文字、数字或符号重叠、混淆，不可避免时，应首先保证文字等的清晰。

(8) 每个图样应根据复杂程度与比例大小，先选用适当的基本线宽度 b，再选用相应的线宽。根据表达内容的层次，基本线宽 b 和线宽比可适当增加或减少。

四、比例

绘图所用的比例，应根据图样的用途与绘制对象的复杂程度选用。常用绘图比例见表 1-6，应优先使用表中的常用比例。

表 1-6　　　　　　　　　　　　绘图所用的比例

常用比例	1:1、1:2、1:5、1:10、1:20、1:50、1:100、1:150、1:200、1:500、1:1000、1:2000
可用比例	1:3、1:4、1:6、1:15、1:25、1:30、1:40、1:60、1:80、1:250、1:300、1:400、1:600、1:5000、1:10000、1:20000、1:50000、1:100000、1:200000

五、标高

图中标高符号应采用不涂黑的三角形表示，如图 1-7 所示。

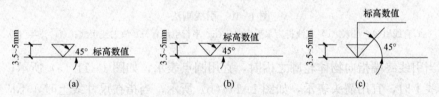

图 1-7　标高符号

(a) 三角形标高符号；(b) 三角形带水平引线标高符号；(c) 三角形带垂直水平引线标高符号

标高符号的尖端应指在被标注的高度或其引线上，尖端可向上或向下，如图 1-8 所示。

一个详图同时表示不同标高或稠密管线标高时，可采用一个标高符号表示，标高数值宜按大小自上而下标注，如图 1-9 所示。

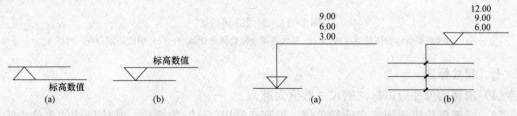

图 1-8　标高符号尖端指向　　　　图 1-9　同时标注几个标高的方法

(a) 标高符号尖端向上；(b) 标高符号尖端向下　　(a) 不同标高的标注；(b) 稠密管线标高的标注

标高为负值时，应在标高数值前加注负号"－"。同一图样中标高的有效位数和标注方式宜一致。

六、引线标注

引线标注方式应符合的规定：

（1）引线应以细实线绘制，宜采用与水平方向成 $30°$、$45°$、$60°$ 或 $90°$ 的直线或再折为水平线表示，索引详图或编号的引线宜对准圆心，如图 1-10（a）所示。文字说明应标注在水平折线的上方或端部，如图 1-10（b）、图 1-10（c）所示。

（2）同时引出几个相同部分的引线，宜采用平行线表示，如图 1-10（d）所示，也可采用集中于一点的放射线表示，如图 1-10（e）所示。

（3）多层构造或多层管线可采用公共引线并通过被引出的各层。标写文字说明或编号时应从上而下，并与被说明的层次相互一致，如图 1-10（f）所示。

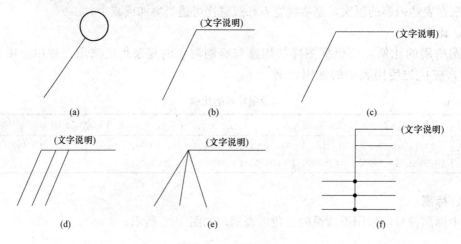

图 1-10　引线画法

(a) 直线引线；(b)、(c) 直线折为水平引线；(d) 平行引线；(e) 放射线引线；(f) 公共引线

（4）当引线终端指向物体轮廓之内时，宜用圆点表示，如图 1-11（a）所示；当指向物体的轮廓线上时，宜用箭头表示，如图 1-11（b）所示；当指在尺寸线上时，不应绘出圆点和箭头，如图 1-11（c）所示。

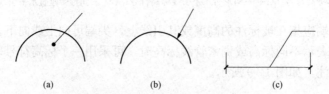

图 1-11　引线终端画法

(a) 引线终端指向物体轮廓线内；(b) 引线终端指向物体轮廓线上；(c) 引线终端指在尺寸线上

七、尺寸标注

（1）图样的尺寸应以标注的尺寸数值为准。

（2）长度单位应选用法定计量单位，标高必须以"m"为单位，其他尺寸的单位宜采用"mm"，并可不标注其单位符号；当采用其他单位时，应在图样中加以说明。

（3）尺寸界线和尺寸线应采用细实线绘制，尺寸界线可从图形的轮廓线、轴线或中心线引出。轮廓线、轴线或中心线也可作为尺寸界线。尺寸界线宜超出尺寸线2～3mm，如图1-12所示。

（4）尺寸线应与被标注的线段平行，且不应超出尺寸界线。图样中的图线不得作为尺寸线。

（5）尺寸界线应与尺寸线垂直，当标注困难时，尺寸界线可不垂直于尺寸线，但应互相平行，如图1-13所示。

（6）当图样采用断开画法时，尺寸线不得间断，并应标注整体尺寸数值，如图1-14所示。

（7）尺寸线的终端标注规定。

1）尺寸线的终端符号应用实心箭头、斜短线或圆点表示，如图1-15所示。用斜短线表示时，斜短线的倾斜方向应按顺时针方向与尺寸界线成45°角，并通过尺寸线与尺寸界线的交点，如图1-15（b）所示。斜短线宜长2～3mm，宽度宜为尺寸线宽度的2倍。

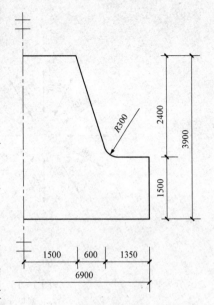

图1-12 尺寸界线和尺寸的画法

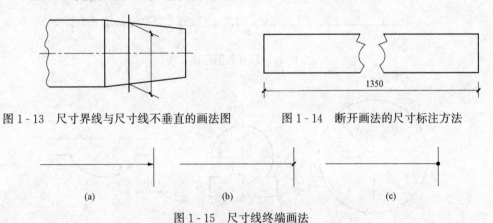

图1-13 尺寸界线与尺寸线不垂直的画法图　　图1-14 断开画法的尺寸标注方法

图1-15 尺寸线终端画法

（a）尺寸线终端用箭头表示；（b）尺寸线终端用斜短线表示；（c）尺寸线终端用圆点表示

2）同一张图中采用的尺寸线终端符号应一致，但箭头与圆点可在同一张图中同时使用。

3）同一张图中需要同时标注线段尺寸和圆弧尺寸时，可同时使用箭头和斜短线。

4）曲线尺寸线的终端符号应采用箭头表示。

（8）尺寸数值应标注在水平尺寸线的上方中部和垂直尺寸线的左侧中部，弧形尺寸线上尺寸数值应水平标注。斜尺寸线上的数值应沿斜向标注，如图1-16（a）所示。尺寸数值不应被任何图线通过，当必须通过时，该图线应断开，如图1-16（b）所示。

（9）尺寸数值的标注位置狭窄时，所标注的一系列数值最外侧的数值可标注在尺寸界线外侧，中间相邻的数值可在尺寸线上下错开或引出标注，如图1-17所示。

（10）标注圆、球面的半径或直径的尺寸时，应在圆直径数值前加注符号 ϕ，在圆半径数值前加注符号 R，在球直径数值前加注符号 $S\phi$，在球半径数值前加注符号 SR，如图1-18所示。

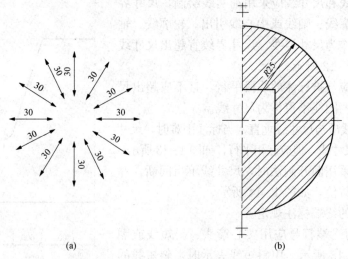

(a)   (b)

图 1-16   斜尺寸和图线断开尺寸标注方法

（a）斜尺寸标注方法；（b）图线断开尺寸标注方法

图 1-17   尺寸数值标注方法

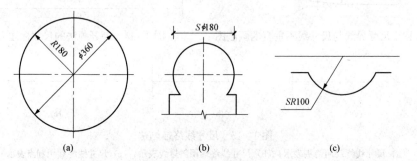

(a)   (b)   (c)

图 1-18   圆、球面直径和半径尺寸标注方法

（a）圆半径、直径标注方法；（b）球面直径标注方法；（c）球面半径标注方法

（11）当圆的直径或圆弧半径较小时，可将尺寸线引出标注尺寸，如图 1-19 所示。

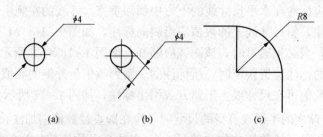

(a)   (b)   (c)

图 1-19   较小圆直径或圆弧半径尺寸标注方法

（a）小圆直径标注方法一；（b）小圆直径标注方法二；（c）圆弧半径标注方法

（12）当圆弧半径过大或在图纸范围内无法标出其圆心位置时，可按图1-20所示标注。

（13）标注弧长和弦长时，尺寸界线应与该弦垂直。弦长尺寸线应绘成直线并与弦平行，如图1-21（a）所示，弧长的尺寸线应绘成同心圆弧，尺寸数值应加注弧长符号"⌒"，如图1-21（b）所示。当弧度较大时，尺寸界线可沿径向引出，如图1-21（c）所示。

（14）标注角度时，尺寸线应绘成以角顶为圆心的圆弧，尺寸界线应沿径向引出。尺寸线终端用箭头表示，位置不够时可用圆点表示。角度数值应水平标注，如图1-22所示。

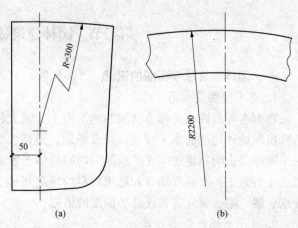

图1-20 大圆半径尺寸标注方法
（a）半径尺寸线画成折线；（b）半径尺寸线画成直线

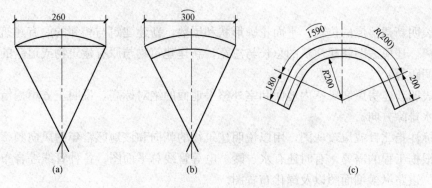

图1-21 弦长和弧长尺寸标注方法
（a）弦长尺寸标注方法；（b）弧长尺寸标注方法；
（c）弧度较大的弧长尺寸标注方法

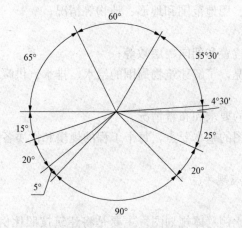

图1-22 角度标注方法

第二节　园林建筑施工图识读

一、园林建筑总平面图的识读

1. 总平面图及作用

在画有等高线或坐标方格网的地形图上，画上新建工程及其周围原有建筑物、构筑物及拆除房屋的外轮廓的水平投影，以及场地、道路、绿化等的平面布置图形，即为总平面图。总平面图是表明新建房屋在基地范围内的总体布置图，是用来作为新建房屋的定位、施工放线、土方施工和布置现场（如建筑材料的堆放场地、构件预制场地、运输道路等），以及设计水、暖、电、煤气等管线总平面图的依据。

2. 总平面图的基本内容

（1）总平面图常采用较小的比例绘制，如 1∶500、1∶1000、1∶2000。总平面图上坐标、标高、距离，均以"m"为单位。

（2）表明新建区的总体布局，如拨地范围、各建筑物及构筑物的位置、道路、管网的布置等。

（3）表明新建房屋的位置、平面轮廓形状和层数，新建建筑与相邻的原有建筑或道路中心线的距离。还应表明新建建筑的总长与总宽，新建建筑物与原有建筑物或道路的间距，新增道路的间距等。

（4）表明新建房屋底层室内地面和室外整平地面的绝对标高，说明土方填挖情况、地面坡度及雨水排除方向。

（5）标注指北针或风玫瑰图，用以说明建筑物的朝向和该地区常年的风向频率。

（6）根据工程的需要，有时还有水、暖、电等管线总平面图、各种管线综合布置图、竖向设计图、道路纵横剖面图以及绿化布置图。

3. 阅读总平面图的步骤

总平面图的阅读步骤如下：

（1）看图样的比例、图例及相关的文字说明；

（2）了解工程的性质、用地范围和地形、地物等情况；

（3）了解地势高低；

（4）明确新建房屋的位置和朝向、层数等；

（5）了解道路交通情况，了解建筑物周围的给水、排水、供暖和供电的位置，管线布置走向；

（6）了解绿化、美化的要求和布置情况。

当然这只是阅读平面图的基本要点，每个工程的规模和性质各不相同，阅读的详略也各不相同。

4. 园林建筑总平面图表现手法

（1）抽象轮廓法。

抽象轮廓法适用于小比例总体规划图，主要是将建筑按照比例缩小后，绘制出其轮廓，或者以统一的抽象符号表现出建筑的位置，其优点在于能够很清晰地反映出建筑的布局及其相互之间的关系。抽象轮廓法常用于导游示意图。

（2）涂实法。

涂实法表现建筑主要是将规划用地中的建筑物涂黑，涂实法的特点是能够清晰地反映出建筑的形状、所在位置以及建筑物之间的相对位置关系，并可用来分析建筑空间的组织情况。涂实法对个体建筑的结构反映得不清楚，适用于功能分析图。

（3）平顶法。

平顶法表现建筑的特点在于能够清楚地表现出建筑的屋顶形式以及坡向等，而且具有较强的装饰效果，特别适合表现古建筑较多的建筑总平面图，常用于总平面图。

（4）剖平法。

剖平法比较适合于表现个体建筑，它不仅能表现出建筑的形状、位置、周围环境，还能表现出建筑内部的简单结构，常用于建筑单体设计。

5. 总平面图常用图例

总平面图常用图例见表1-7。

表 1 - 7　　　　　　　　　　　　总平面图常用图例

序号	名称	图例	备注
1	新建建筑物		新建建筑物以粗实线表示与室外地坪相接处±0.00外墙定位轮廓线
		$X=$ $Y=$ ① 12F/2D H=59.00m	建筑物一般以±0.00高度处的外墙定位轴线交叉点坐标定位。轴线用细实线表示，并标明轴线号
			根据不同设计阶段标注建筑编号，地上、地下层数，建筑高度，建筑出入口位置（两种表示方法均可，但同一图纸采用一种表示方法），地下建筑物以粗虚线表示其轮廓
			建筑上部（±0.000以上）外挑建筑用细实线表示建筑物；上部连廊用细虚线表示并标注位置
2	原有建筑物		用细实线表示
3	计划扩建的预留地或建筑物		用中粗虚线表示
4	拆除建筑物		用细实线表示
5	建筑物下面的通道		—

序号	名称	图例	备注
6	散状材料露天堆场	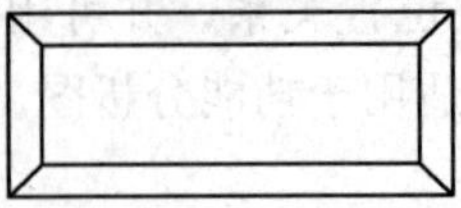	需要时可注明材料名称
7	其他材料露天堆场或露天作业场	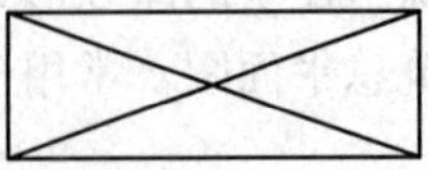	需要时可注明材料名称
8	铺砌场地	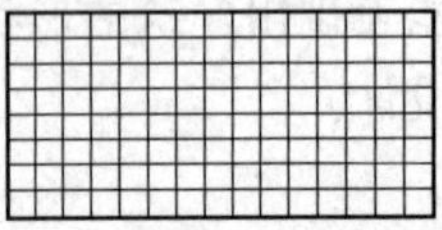	—
9	敞棚或敞廊	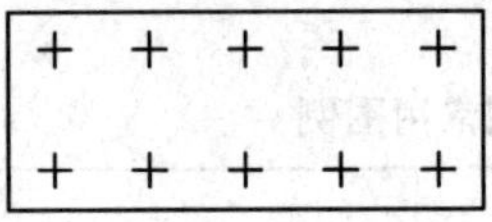	—
10	高架式料仓	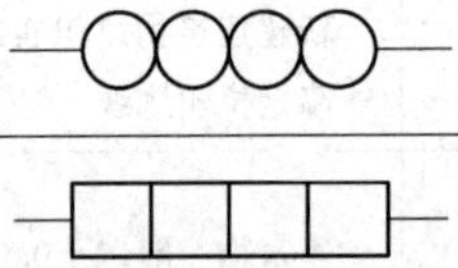	
11	漏斗式贮仓	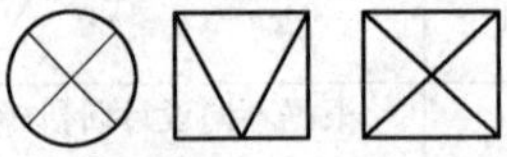	左、右图为底卸式；中图为侧卸式
12	冷却塔（池）	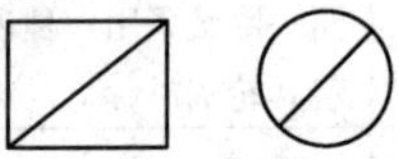	应注明冷却塔或冷却池
13	水塔、贮罐	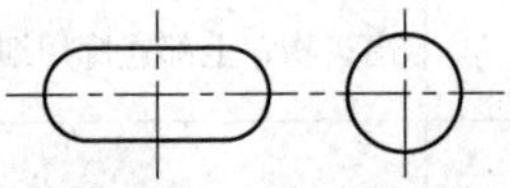	左图为卧式贮罐；右图为水塔或立式贮罐；也可以不涂黑
14	水池、坑槽		—
15	明溜矿槽（井）	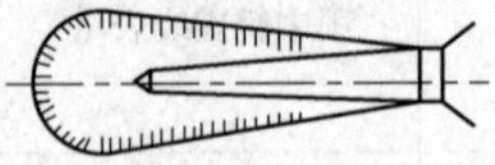	
16	斜井或平酮	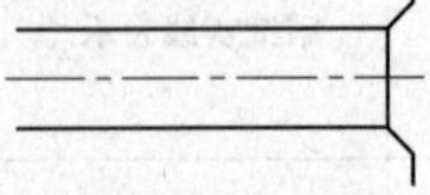	
17	烟囱		实线为烟囱下部直径，虚线为基础，必要时可注写烟囱高度和上、下口直径

序号	名称	图例	备注
18	围墙及大门	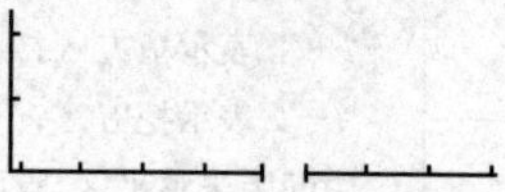	—
19	挡土墙	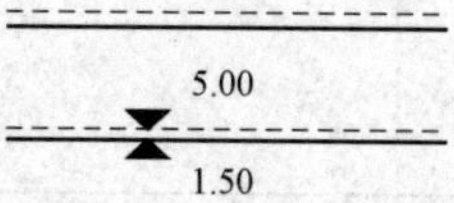 5.00 ▽ 1.50	挡土墙根据不同设计阶段的需要标注 墙顶标高 墙底标高
20	挡土墙上围墙		—
21	台阶及无障碍坡道		表示台阶（级数仅为示意） 表示无障碍坡道
22	露天桥式起重机	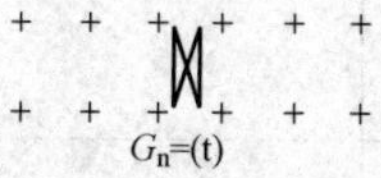 $G_n=(t)$	起重机起重量 G_n，以吨计算，"+"为柱子位置
23	露天电动葫芦	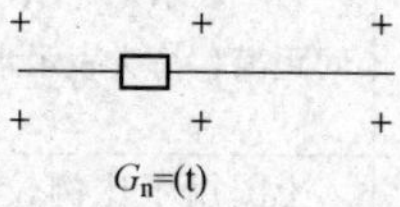 $G_n=(t)$	起重机起重量 G_n，以吨计算，"+"为支架位置
24	门式起重机	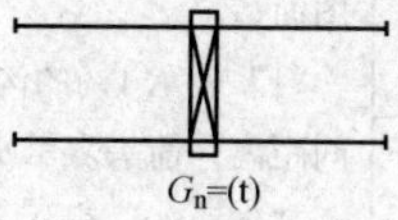 $G_n=(t)$ $G_n=(t)$	起重机起重量 G_n，以吨计算； 上图表示有外伸臂； 下图表示无外伸臂
25	架空索道	 I　　　I	"I"为支架位置
26	斜坡卷扬机道		—
27	斜坡栈桥（皮带廊等）	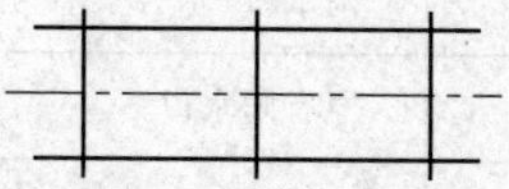	细实线表示支架中心线位置
28	坐标	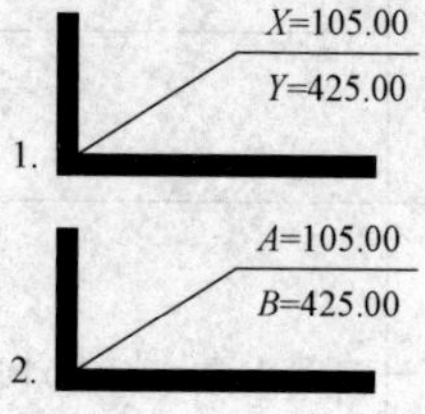 1. $X=105.00$ $Y=425.00$ 2. $A=105.00$ $B=425.00$	1. 表示地形测量坐标系； 2. 表示自设坐标系坐标数字平行于建筑标注
29	方格网交叉点标高	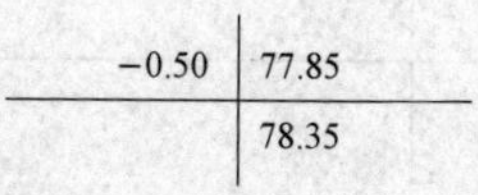 -0.50 | 77.85 78.35	"78.35"为原地面标高； "77.85"为设计标高； "−0.50"为施工高度； "−"表示挖方（"+"表示填方）

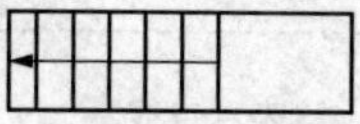

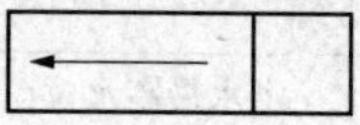

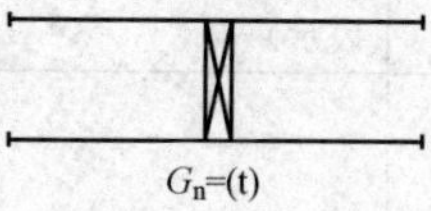

序号	名称	图例	备注
30	填方区、挖方区，未整平区及零线	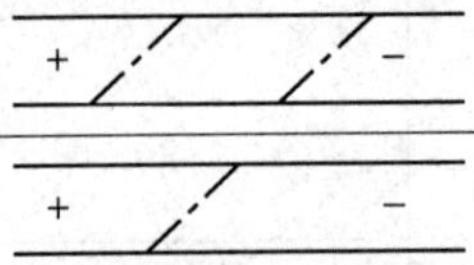	"+"表示填方区； "－"表示挖方区； 中间为未整平区，点画线为零点线
31	填挖边坡	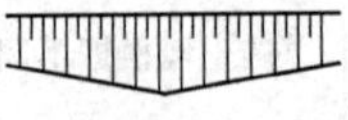	—
32	分水脊线与谷线		表示脊线
			表示谷线
33	洪水淹没线	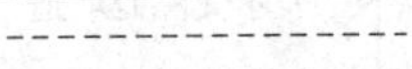	洪水最高水位以文字标注
34	地表排水方向		—
35	截水沟	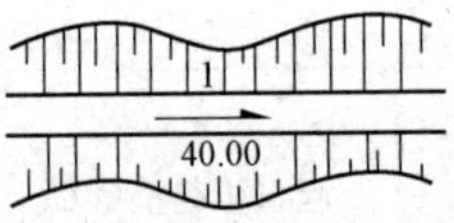	"1"表示1‰的沟底纵向坡度，"40.00"表示变坡点间距离，箭头表示水流方向
36	排水明沟	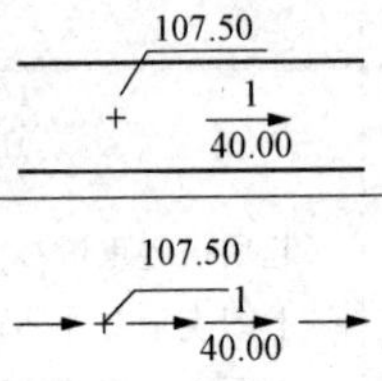	上图用于比例较大的图面，下图用于比例较小的图面。 "1"表示1‰的沟底纵向坡度；"40.00"表示变坡点间距离；箭头表示水流方向。 "107.50"表示沟底变坡点标高（变坡点以"+"表示）
37	有盖板的排水沟	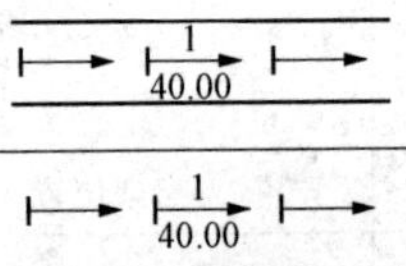	—
38	雨水口		雨水口
			原有雨水口
			双落式雨水口
39	消火栓井		—
40	急流槽	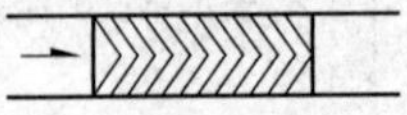	箭头表示水流方向
41	跌水	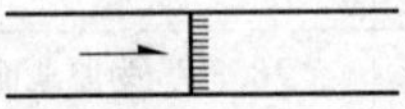	
42	拦水（闸）坝	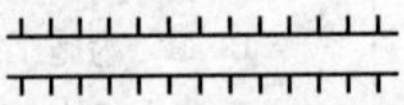	—

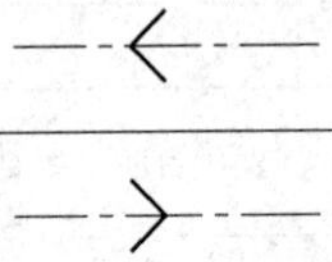

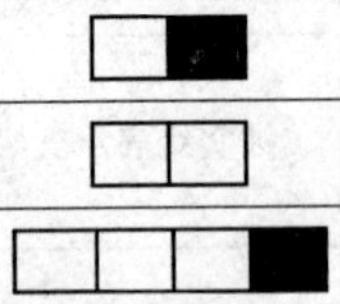

序号	名称	图例	备注
43	透水路堤		边坡较长时，可在一端或两端局部表示
44	过水路面		—
45	室内地坪标高	151.00 (±0.00)	数字平行于建筑物书写
46	室外地坪标高	143.00	室外标高也可采用等高线
47	盲道		—
48	地下车库入口		机动车停车场
49	地面露天停车场		—
50	露天机械停车场		露天机械停车场

二、园林建筑平面图的识读

1. 建筑平面图的形成与作用

建筑平面图是假想用一水平的剖切平面沿房屋的门窗洞口将整个房屋切开，移去上半部分，对其下半部分作出水平剖面图，称为建筑平面图，如图1-23所示。

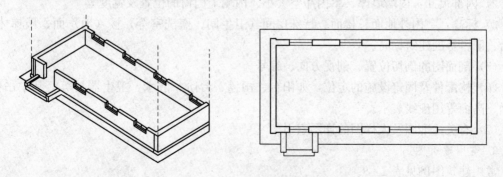

图1-23 建筑平面图形成

　　建筑平面图是表达了建筑物的平面形状、走廊、出入口、房间、楼梯卫生间等的平面布置，以及墙、柱、门窗等构配件的位置、尺寸、材料和做法等内容的图样。

　　建筑平面图是建筑施工图中最重要、最基本的图样之一，它用以表示建筑物某一层的平面形状和布局，是施工放线、墙体砌筑、门窗安装、室内外装修的依据。

　　2. 建筑平面中的基本内容

　　（1）通过图名，可以了解这个建筑平面图表示的是房屋的哪一层平面，比例根据房屋的大小和复杂程度而定。建筑平面图的比例宜采用1：50、1：100、1：200。

　　（2）建筑物的朝向、平面形状、内部的布置及分隔，墙（柱）的位置、门窗的布置及其编号。

　　（3）纵横定位轴线及其编号如图1-24所示。

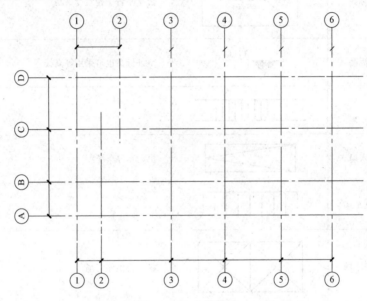

图1-24　定位轴线

　　（4）尺寸标注。

　　1）外部三道尺寸：总尺寸、轴线尺寸（开间及进深）、细部尺寸（门窗洞口、墙垛、墙厚等）。

　　2）内部尺寸：内墙墙厚、室内净空大小、内墙上门窗的位置及宽度等。

　　3）标高：室内外地面、楼面、特殊房间（卫生间、盥洗室等）楼（地）面、楼梯休息平台、阳台等处建筑标高。

　　（5）剖面图的剖切位置、剖视方向、编号。

　　（6）构配件及固定设施的定位，如阳台、雨篷、台阶、散水、卫生器具等，其中吊柜、洞槽、高窗等用虚线表示。

　　（7）有关标准图及大样图的详图索引。

　　3. 常用建筑图例

　　常用建筑图例见表1-8。

表 1 - 8　　　　　　　　　　　　　　**常用建筑图例**

序号	名称	图例	备注
1	墙体	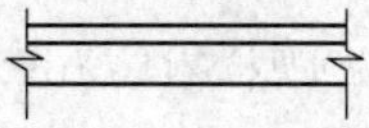 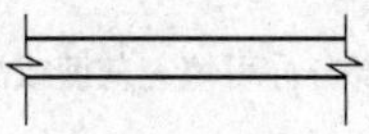	1. 上图为外墙，下图为内墙； 2. 外墙粗线表示有保温层或有幕墙； 3. 应加注文字或涂色或图案填充表示各种材料的墙体； 4. 在各层平面图中防火墙宜着重以特殊图案填充表示
2	隔断		1. 加注文字或涂色或图案填充表示各种材料的轻质隔断； 2. 适用于到顶与不到顶隔断
3	玻璃幕墙		幕墙龙骨是否表示由项目设计决定
4	栏杆		—
5	楼梯	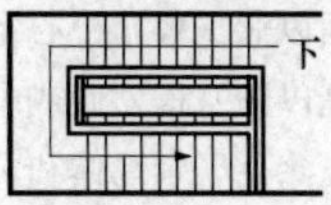 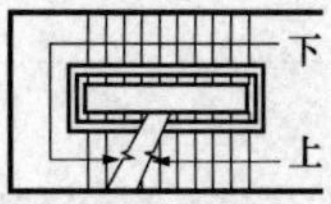 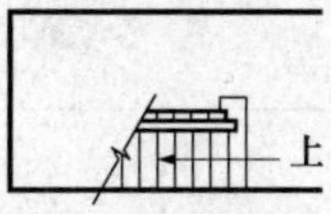	1. 上图为顶层楼梯平面，中图为中间层楼梯平面，下图为底层楼梯平面； 2. 需设置幕墙扶手或中间扶手时，应在图中表示
6	坡道	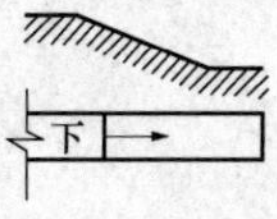	长坡道
		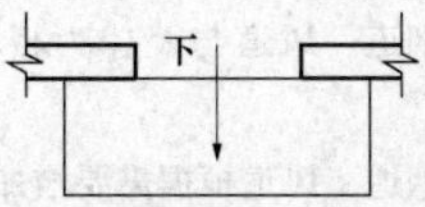 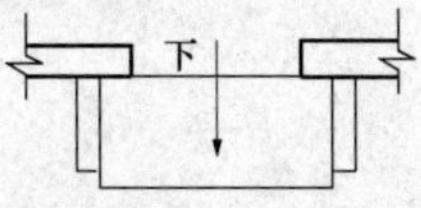 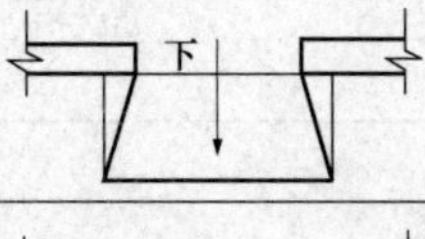	上图为两侧垂直的门口坡道，中图为有挡墙的门口坡道，下图为两侧找坡的门口坡道
7	台阶	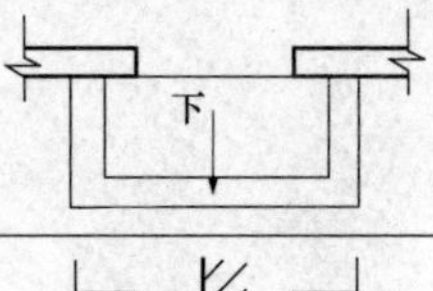	—
8	平面高差	 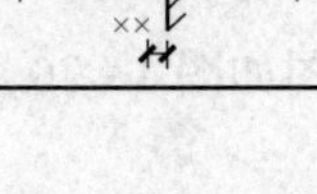	用于高差小的地面或楼面交接处，并应与门的开启方向协调

续表

序号	名称	图例	备注
9	检查口		左图为可见检查口，右图为不可见检查口
10	孔洞		阴影部分亦可填充灰度或涂色代替
11	坑槽	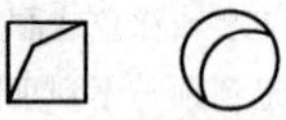	—
12	墙预留洞、槽	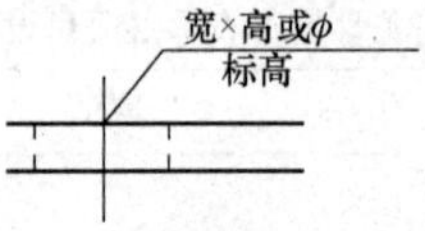 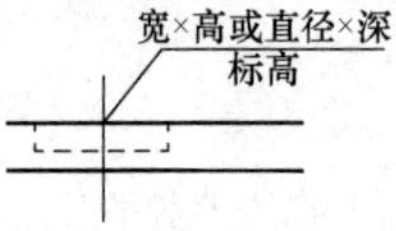	1. 上图为预留洞，下图为预留槽； 2. 平面以洞（槽）中心定位； 3. 标高以洞（槽）底或中心定位； 4. 宜以涂色区别墙体和预留洞（槽）
13	地沟	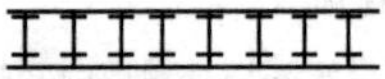	上图为有盖板地沟，下图为无盖板明沟
14	烟道	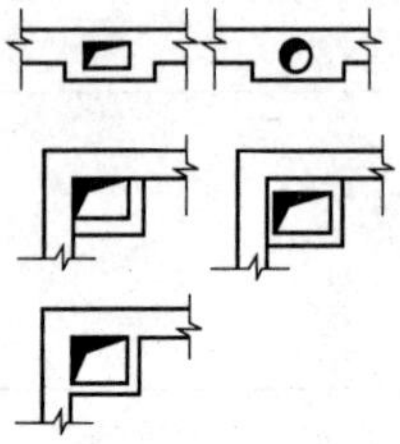	1. 阴影部分亦可填充灰度或涂色代替； 2. 烟道、风道与墙体为相同材料，其相接处墙身线应连通； 3. 烟道、风道根据需要增加不同材料的内衬
15	风道	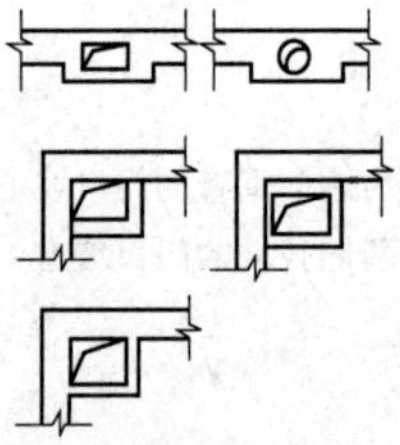	
16	新建的墙和窗	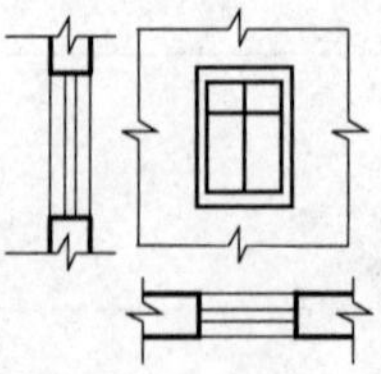	—

4. 园林建筑平面图案例

（1）八面亭平面图。

八面亭顶平面图如图1-25所示，八面亭底平面图如图1-26所示。

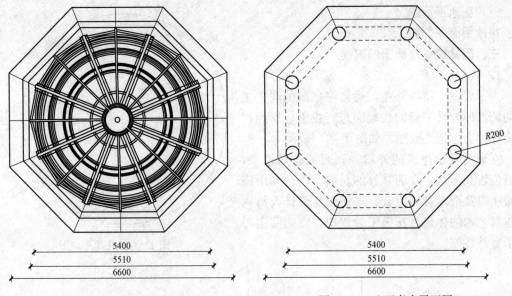

图 1 - 25　八面亭顶平面图　　　　　图 1 - 26　八面亭底平面图

（2）四角亭平面图。

四角亭顶平面图如图 1 - 27 所示，四角亭底平面图如图 1 - 28 所示。

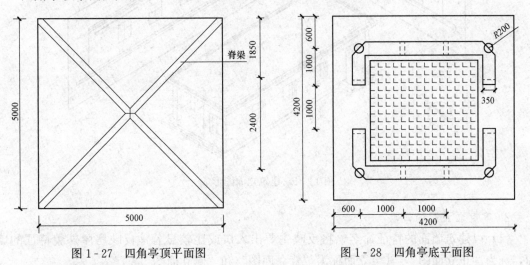

图 1 - 27　四角亭顶平面图　　　　　图 1 - 28　四角亭底平面图

（3）水墙平面图。

水墙平面图如图 1 - 29 所示。

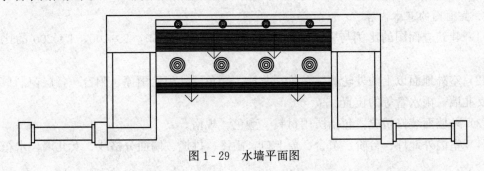

图 1 - 29　水墙平面图

（4）花池平面图。

花池平面图如图1-30所示。

三、园林建筑立面图的识读

1. 形成与作用

为了表示房屋的外貌，通常将房屋的四个主要的墙面向与其平行的投影面进行投射，所画出的图样称为建筑立面图，如图1-31所示。

立面图表示建筑的外貌、立面的布局造型，门窗位置及形式，立面装修的材料，阳台和雨篷的做法以及雨水管的位置。立面图是设计人员构思建筑艺术的体现。在施工过程中，立面图主要用于室外装修。

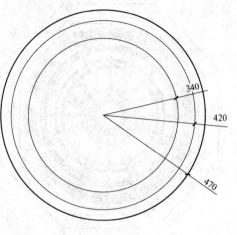

图1-30　花池平面图

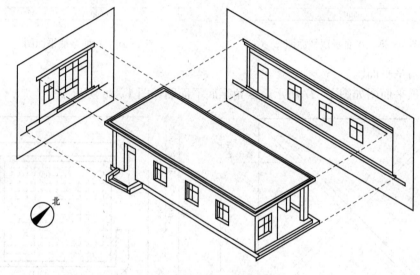

图1-31　建筑立面图形成

2. 建筑立面图的命名

（1）以建筑墙面的特征命名，将反映主要出入口或比较显著地反映房屋外貌特征的墙面，称为"正立面图"，其余立面称为"背立面图"和"侧立面图"。

（2）按各墙面朝向命名，如"南立面图""北立面图""东立面图"和"西立面图"等。

（3）按建筑两端定位轴线编号命名，如①～⑨立面图等。

3. 立面图的基本内容

（1）建筑立面图的比例与平面图的比例一致，常用1:50，1:100，1:200的比例尺绘制。

（2）室外地面以上的外轮廓、台阶、花池、勒角、外门、雨篷、阳台、各层窗洞口、挑檐、女儿墙、雨水管等的位置。

（3）外墙面装修情况，包括所用材料、颜色、规格。

（4）室内外地坪、台阶、窗台、窗上口、雨篷、挑檐、墙面分格线、女儿墙、水箱间及房屋最高顶面等主要部位的标高及必要的高度尺寸。

（5）有关部位的详图索引，如一些装饰、特殊造型等。

（6）立面左右两端的轴线标注。

4．园林建筑立面图案例

（1）八面亭立面图。

八面亭立面图如图1-32所示。

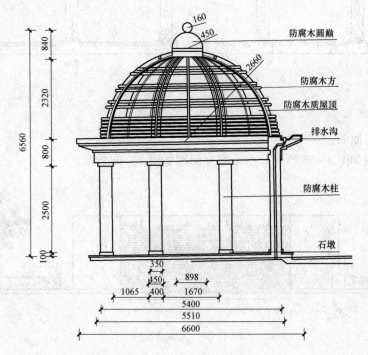

图1-32　八面亭立面图

（2）四角亭立面图。

四角亭立面图如图1-33所示。

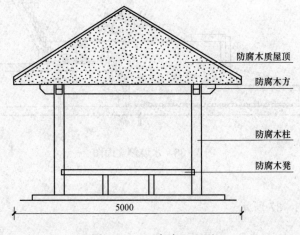

图1-33　四角亭立面图

（3）单柱廊立面图。

单柱廊立面图如图1-34所示。

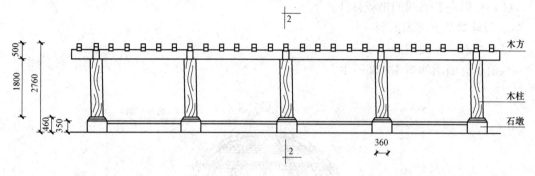

图1-34 单柱廊立面图

（4）水墙立面图。

水墙立面图如图1-35所示，水墙侧立面图如图1-36所示。

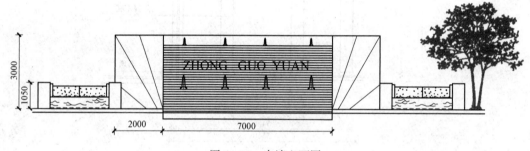

图1-35 水墙立面图

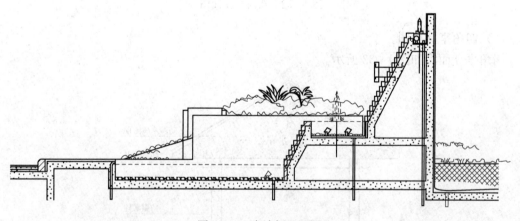

图1-36 水墙侧立面图

（5）花池立面图。

花池立面图如图1-37所示。

四、园林建筑剖面图的识读

1. 形成与作用

建筑剖面图主要用来表达房屋内部沿垂直方向各部分的结构形式、组合关系、分层情况构造做法，以及门窗高、层高等。

剖面图通常是假想用一个或多个垂直于外墙轴线的铅垂剖切平面将整幢房屋剖开，经过投射后得到的正投影图，称为建筑剖面图，如图 1-38 所示。

剖面图的数量根据房屋的具体情况和施工的实际需要而决定。一般剖切平面选择在房屋内部结构比较复杂、能反映建筑物整体构造特征以及有代表性的部位剖切。例如楼梯间和门窗洞口等部位。剖面图的剖切符号应标注在底层平面图上，剖切后的方向宜向上、向左。

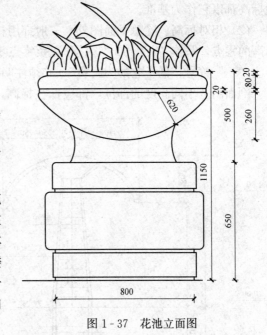

图 1-37　花池立面图

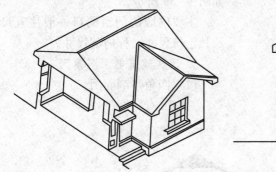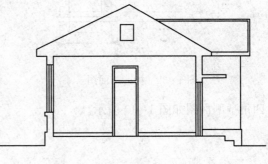

图 1-38　建筑剖面图的形成

2. 剖面图的基本内容

(1) 剖面图的比例应与建筑平面图、立面图一致，宜采用 1:50、1:100、1:200 的比例尺绘制。

(2) 表明剖切到的室内外地面、楼面、屋顶、内外墙及门窗的窗台、过梁、圈梁、楼梯及平台、雨篷、阳台等。

(3) 表明主要承重构件的相互关系，如各层楼面、屋面、梁、板、柱、墙的相互位置关系。

(4) 标高及相关竖向尺寸，如室内外地坪、各层楼板、吊顶、楼梯平台、阳台、台阶、卫生间、地下室、门窗、雨篷等处的标高及相关尺寸。

(5) 剖切到的外墙及内墙轴线标注。

(6) 需另见详图部位的详图索引，如楼梯及外墙节点等。

3. 标高

标高分为绝对标高和相对标高两种。

(1) 绝对标高。在我国，把山东省青岛市黄海平均海平面定为绝对标高的零点，其他各地标高都以它作为基准。

（2）相对标高。除总平面图外，一般都用相对标高，即是把建筑底层主要地面定为相对标高的零点，写作"±0.000"，读作正负零点零零零，简称正负零。高于它的为正，但一般不注"＋"符号；低于它的为"负"，必须注明符号"—"。

剖面图上不同高度的部位，都应标注标高，如顶棚、屋面、地面等。在构造剖面图中，一些主要构件必须标注其结构标高，如图1-39所示。

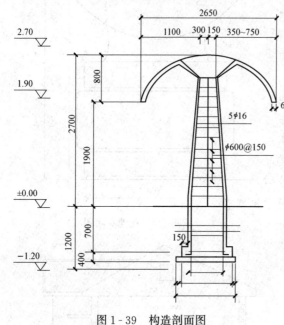

图1-39　构造剖面图

四角亭剖面图如图1-40所示。

4. 尺寸标注

剖面图一般注有外部尺寸和内部尺寸，外部高度尺寸注有三道：

（1）第一道尺寸，接近图形的一道尺寸，以层高为基准标注窗台、窗洞顶（或门）以及门窗洞口的高度尺寸。

（2）第二道尺寸，标注两楼层间的高度尺寸（即层高）。

（3）第三道尺寸，标注总高度尺寸，如图1-39所示。

主要内墙的门窗洞口一般注有尺寸及其定位尺寸，称内部尺寸。

5. 园林建筑剖面图案例

（1）四角亭剖面图。

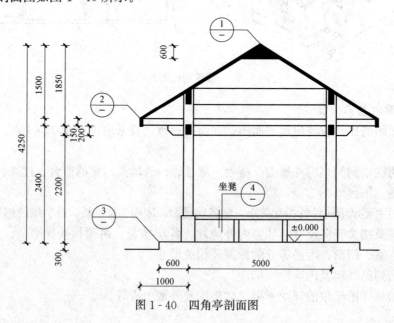

图1-40　四角亭剖面图

（2）单柱廊剖面图。

单柱廊剖面图如图1-41所示。

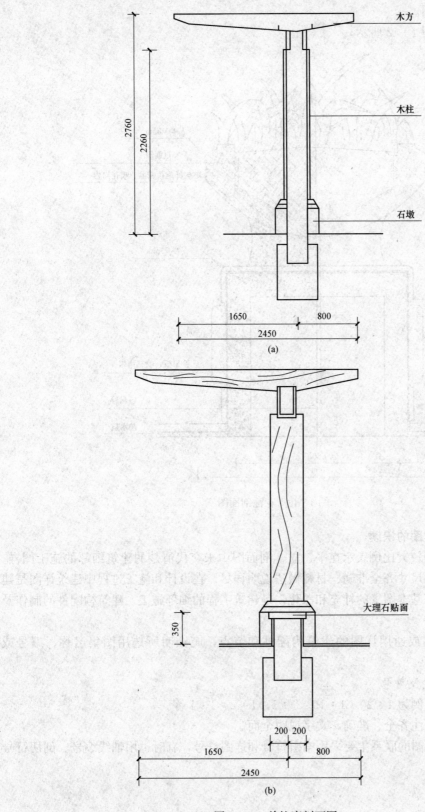

图 1-41 单柱廊剖面图

（3）花池剖面图。

花池剖面图如图 1-42 所示。

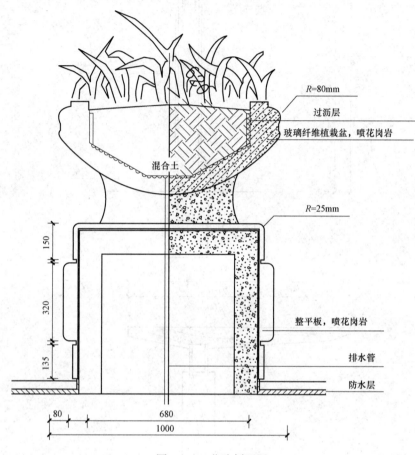

图 1-42　花池剖面图

五、园林建筑详图的识读

建筑详图是采用较大比例表示在平、立、剖面图中未交代清楚的建筑细部的施工图样。它的特点是比例大、尺寸齐全准确、材料做法说明详尽。在设计和施工过程中建筑详图是建筑平、立、剖面图等基本图纸的补充和深化，是建筑工程的细部施工、建筑构配件的制作及编制预算的依据。

对于套用标准图或通用详图的建筑构配件和节点，应注明所选用图集名称、编号或页码。

1. 建筑详图比例及符号

（1）详图常用比例为 1∶20、1∶10、1∶5、1∶2、1∶1 等。

（2）详图尺寸标注齐全、准确，文字说明全面。

（3）详图与其他图的联系主要采用索引符号和详图符号，有时也用轴线编号、剖切符号等，见表 1-9。

表1-9　　　　　　　　　　　　　　　常用的索引和详图的符号

名称	符号	说明
详图的索引	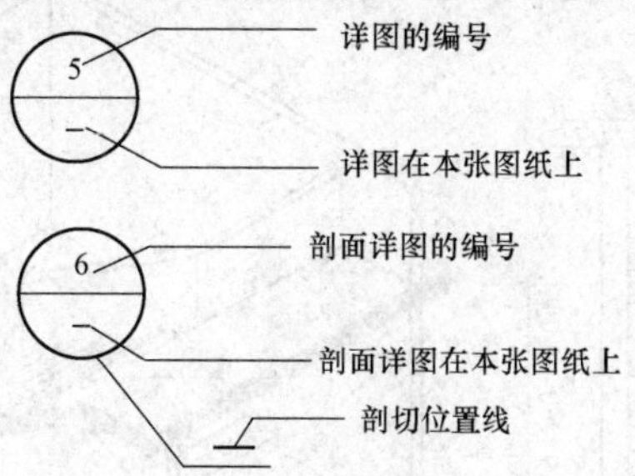 5 —— 详图的编号 —— 详图在本张图纸上 6 —— 剖面详图的编号 —— 剖面详图在本张图纸上 —— 剖切位置线	详图在本张图上
	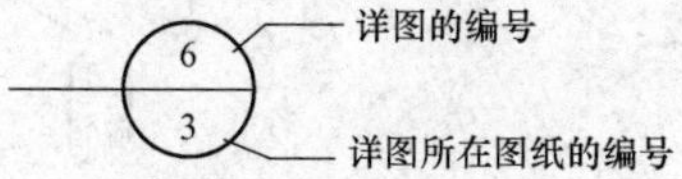 6 —— 详图的编号 3 —— 详图所在图纸的编号	详图不在本张图上
	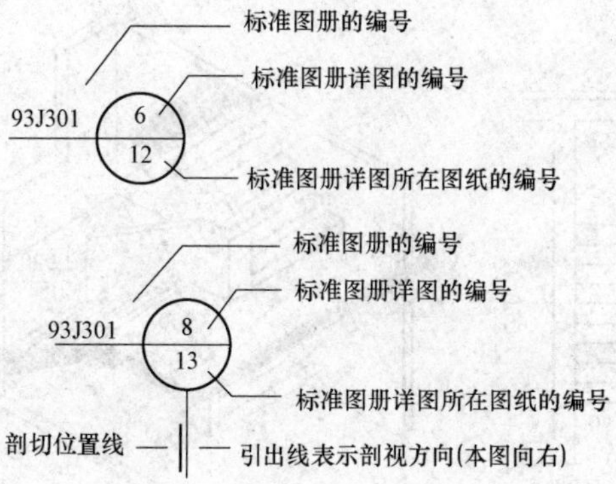 93J301 6/12 —— 标准图册的编号 —— 标准图册详图的编号 —— 标准图册详图所在图纸的编号 93J301 8/13 —— 标准图册的编号 —— 标准图册详图的编号 —— 标准图册详图所在图纸的编号 剖切位置线 —— 引出线表示剖视方向(本图向右)	标准详图
详图的标志	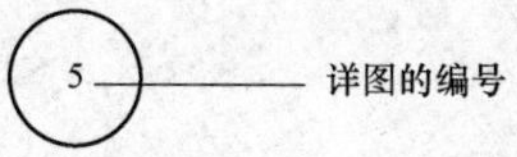 5 —— 详图的编号	被索引的详图在本张图纸上

　　如果用标准图或通用详图上的建筑构配件和剖面节点详图，要注明所有图集名称、编号或页次，而不画出详图。

　　2. 楼梯详图

　　楼梯是由楼梯段、休息平台、栏杆或栏板组成的。楼梯的构造比较复杂，在建筑平面图和建筑剖面图中不能将其表示清楚，所以必须另画详图表示。楼梯详图主要表示楼梯的类型、结构形式、各部位的尺寸及装修做法等，是楼梯施工放样的主要依据。

　　楼梯的建筑详图包括楼梯平面图、楼梯剖面图以及踏步和栏杆等节点详图。

　　(1) 楼梯平面图。

　　楼梯平面图的水平剖切位置，除顶层在安全栏板（或栏杆）之上外，其余各层均在上行第一跑楼梯中间。各层被剖切到的上行第一跑梯段，在楼梯平面图中画一条与踢面线成30°的折断线（构成梯段的踏步中与楼地面平行的面称为踏面，与楼地面垂直的面称为踢面），各层下行梯段不予剖切。楼梯间平面图则为房屋各层水平剖切后的直接正投影，类似于建筑平面图，如中间几层楼梯的构造一致，也可只画一个平面图作为标准层楼梯间平面图。故楼梯平面详图常常只画出底层、中间层和顶层三个平面图，如图1-43所示。

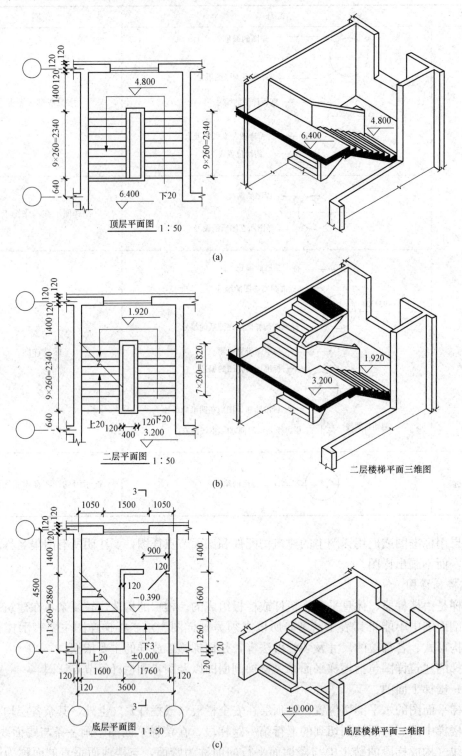

图1-43　楼梯平面图

（a）顶层楼梯平面图二维图与三维图；（b）二层楼梯平面图二维图与三维图；（c）底层楼梯平面图二维图与三维图

（2）楼梯剖面图。

假想用一个竖直剖切平面沿梯段的长度方向将楼梯间从上至下剖开，如图1-44（a）所示，然后往另一梯段方向投影所得的剖面图称为楼梯剖面图，如图1-44（b）所示。

楼梯剖面图能清楚地表明楼梯梯段的结构形式、踏步的踏面宽、踢面高、级数及楼地面、楼梯平台、墙身、栏杆、栏板等的构造做法及其相对位置。

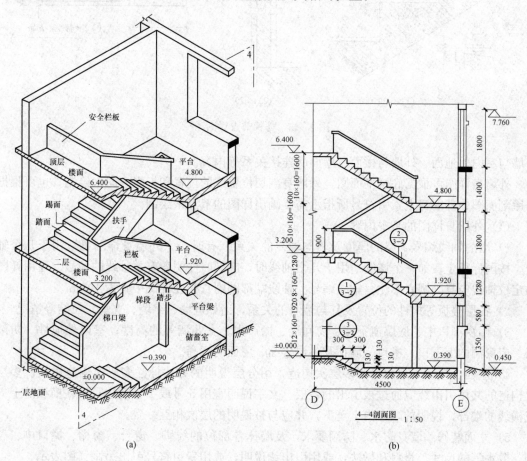

图1-44　楼梯剖面图
（a）三维图；（b）二维图

（3）楼梯节点详图。

在楼梯详图中，对扶手、栏板（栏杆）、踏步等，一般都采用更大的比例（如1∶10～1∶20）另绘制详图表示，如图1-45所示。

踏步详图表明踏步的截面形状、大小、材料及面层的做法。如图1-31所示踏面宽为260mm，踢面高度为160mm，梯段厚度为100mm。为防行人滑跌，在踏步口设置了30mm的防滑条。栏板与扶手详图主要表明栏板及扶手的形式、大小、所用材料及其与踏步的连接等情况。如图1-45所示中栏板为砖砌，上做钢筋混凝土扶手，面层为水泥砂浆抹面。底层端点的详图表明底层起始踏步的处理及栏板与踏步的连接等。

3. 外墙身详图

外墙身详图即房屋建筑的外墙身剖面详图，主要用以表达外墙的墙脚、窗台、窗顶以及

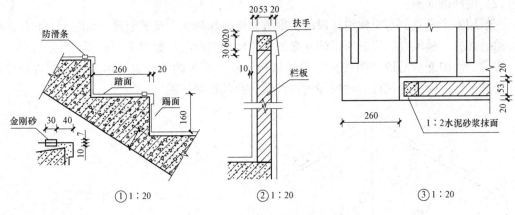

图 1-45　楼梯节点详图

外墙与室内外地面、外墙与楼面、屋面的连接关系等内容。

外墙身详图可根据底层平面图，外墙身剖切位置线的位置和投影方向来绘制，也可根据房屋剖面图中外墙身上索引符号所指示需要画出详图的节点来绘制。

（1）外墙身详图的基本内容。

1）墙的轴线编号、墙的厚度及其与轴线的关系。有时一个外墙身详图可适用于几个轴线。按国标规定；如一个详图适用于几个轴线时，应同时注明各有关轴线的编号。通用详图的定位轴线应只画圆，不注写轴线编号。轴线端部圆圈直径在详图中宜为 10mm。

2）各层楼板等构件的位置及其与墙身的关系，诸如进墙、靠墙、支承、拉结等情况。

3）门窗洞口中、底层窗下墙、窗间墙、檐口中、女儿墙等的高度；室内外地坪、防潮层、门窗洞的上下口、檐口、墙顶及各层楼面、屋面的标高。

4）屋面、楼面、地面等为多层次构造，用分层说明的方法标注多层次构造做法。多层次构造的共用引出线应通过被引出的各层。文字说明宜用 5 号或 7 号字注写出在横线的上方或横线的端部，说明的顺序由上至下，并应与被说明的层次相互一致。

5）立面装修和墙身防水、防潮要求，及墙体各部位的线脚、窗台、窗楣、檐口中、勒脚、散水等的尺寸、材料和做法，或用引出线说明，或用索引符号引出另画详图表示。

外墙身详图的 ±0.000 或防潮层以下的基础以结施图中的基础图为准。屋面、楼面、地面、散水、勒脚等和内外墙面装修做法、尺寸等与建筑施工图中首页的统一构造说明相对应。

（2）外墙身详图阅读。

1）根据剖面图的编号，对照平面图上相应的剖切线及其编号，明确剖面图的剖切位置和投影方向。

2）根据各节点详图所表示的内容，详细分析读懂以下内容：

① 檐口节点详图，表示屋面承重层、女儿墙外排水檐口的构造；

② 窗顶、窗台节点详图，表示窗台、窗过梁（或圈梁）的构造及楼板层的做法，各层楼板（或梁）的搁置方向及与墙身的关系；

③ 勒脚、明沟详图，表示房屋外墙的防潮、防水和排水的做法，外（内）墙身的防潮层的位置，以及室内地面的做法。

3）结合图中有关图例、文字、标高、尺寸及有关材料和做法互相对照，明确图示内容。

4）明确立面装修的要求，包括砖墙各部位的凹凸线脚、窗口中、挑檐、勒脚、散水等尺寸、材料和做法。

5）了解墙身的防火、防潮做法，如檐口、墙身、勒脚、散水、地下室的防潮、防水做法。

4. 标准图集的使用

在房屋建筑中，为了加快设计和施工的进度，提高质量，降低成本，设计部门把各种常见的、多用的建筑物，以及各类房屋建筑中各专业所需要的构件、配件，按统一模数设计成几种不同的标准规格，统一绘制出成套的施工图，经有关部门审查批准后，供设计和施工单位直接选用，这种图称为建筑标准设计图。把它们分类、编号装订成册，称为建筑标准设计图集或建筑标准通用图集，简称标准图集或通用图集。

（1）标准图集的分类。

标准图集的分类见表 1 - 10。

表 1 - 10 常用构件代号

分类			具体内容
按使用范围	全国通用图集		经国家标准设计主管部门批准的全国通用的建筑标准设计图集
	地区通用图集		经省、市、自治区批准的建筑标准设计图集，可在相应地区范围使用
	单位内部图集		由各设计单位编制的图集，可供单位内部使用
按表达内容	构配件标准图集	建筑配件标准图集	与建筑设计有关的建筑配件详图和标准做法，如门、窗、厕所、水池、栏杆、屋面、顶棚、楼地面、墙面、粉刷等详图或做法
		建筑构件标准图集	与结构设计有关的构件的结构详图，如屋架、梁、板、楼梯、阳台等
	成套建筑标准设计图集		整幢建筑物的标准设计（定型设计），如住宅、小学、商店、厂房等

（2）查阅方法。

1）根据施工图中构件、配件所引用的标准图集或通用图集的名称、编号及编制单位，查找所选用的图集；

2）阅读图集的总说明，了解本图集编号和表示方法，以及编制图集的设计依据、适用范围、适用条件、施工要求及注意事项；

3）根据施工图中的索引符号，即可找到所需要的构、配件详图。

例如：木门的索引方法如图 1 - 46 所示。

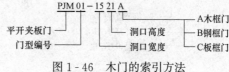

图 1 - 46 木门的索引方法

第三节 园林建筑结构图识读

一、结构施工图的常用代号及图例

1. 常用构件代号

在结构施工图中，各种承重构件要用代号表示。常用构件的代号见表 1 - 11。

表 1-11　　　　　　　　　　　常用构件代号

序号	名称	代号	序号	名称	代号	序号	名称	代号
1	板	B	19	圈梁	QL	37	承台	CT
2	屋面板	WB	20	过梁	GL	38	设备基础	SJ
3	空心板	KB	21	连系梁	LL	39	桩	ZH
4	槽形板	CB	22	基础梁	JL	40	挡土墙	DQ
5	折板	ZB	23	楼梯梁	TL	41	地沟	DG
6	密肋板	MB	24	框架梁	KL	42	柱间支撑	ZC
7	楼梯板	TB	25	框支梁	KZL	43	垂直支撑	CC
8	盖板或沟盖板	GB	26	屋面框架梁	WKL	44	水平支撑	SC
9	挡雨板或檐口板	YB	27	檩条	LT	45	梯	T
10	吊车安全走道板	DB	28	屋架	WJ	46	雨篷	YP
11	墙板	QB	29	托架	TJ	47	阳台	YT
12	天沟板	TGB	30	天窗架	CJ	48	梁垫	LD
13	梁	L	31	框架	KJ	49	预埋件	M—
14	屋面梁	WL	32	刚架	GJ	50	天窗端壁	TD
15	吊车梁	DL	33	支架	ZJ	51	钢筋网	W
16	单轨吊车梁	DDL	34	柱	Z	52	钢筋骨架	G
17	轨道连接	DGL	35	框架柱	KZ	53	基础	J
18	车挡	CD	36	构造柱	GZ	54	暗柱	AZ

注：1. 预制钢筋混凝土构件、现浇钢筋混凝土构件、钢构件和木构件，一般可直接采用表 1-10 中的构件代号。在绘图中，当需要区别上述构件的材料种类时，可在构件代号前加注材料代号，并在图纸中加以说明。

2. 预应力钢筋混凝土构件代号，应在构件代号前加注"Y—"如 Y—DL 表示预应力钢筋混凝土吊车梁。

2. 常用钢筋标注

钢筋根数和直径的标注如图 1-47 所示。

钢筋直径和相邻钢筋中心距的标注如图 1-48 所示。

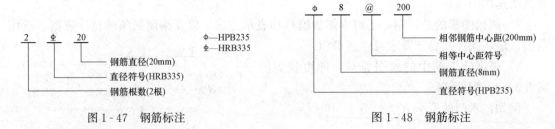

图 1-47　钢筋标注　　　　　　　　　　图 1-48　钢筋标注

3. 常见钢筋图例

在结构施工图中，钢筋的图线用粗实线画出，在断面图中钢筋用小圆点涂黑表示，其余的图线用中实线或细实线画出。

为表示出钢筋端部形状、两根钢筋搭接情况及钢筋的配置，钢筋在施工图中一般采用表1-12 表 1-13 中的图例来表示。

表 1 - 12　　　　　　　　　　　　　一般钢筋

序号	名称	图例	说明
1	钢筋横断面	●	—
2	无弯钩的钢筋端部	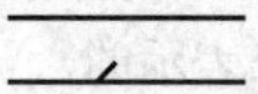	下图表示长、短钢筋投影重叠时，短钢筋的端部用45°斜划线表示
3	带半圆形弯钩的钢筋端部		—
4	带直钩的钢筋端部		—
5	带螺纹的钢筋端部		—
6	无弯钩的钢筋搭接		—
7	带半圆弯钩的钢筋搭接		—
8	带直钩的钢筋搭接		—
9	花篮螺纹钢筋接头	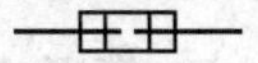	—
10	机械连接的钢筋接头		用文字说明机械连接的方式（或冷挤压或锥螺纹等）

表 1 - 13　　　　　　　　　　　　　钢筋画法

序号	说明	图例
1	在结构平面图中配置双层钢筋时，底层钢筋的弯钩应向上或向左，顶层钢筋的弯钩则向下或向右	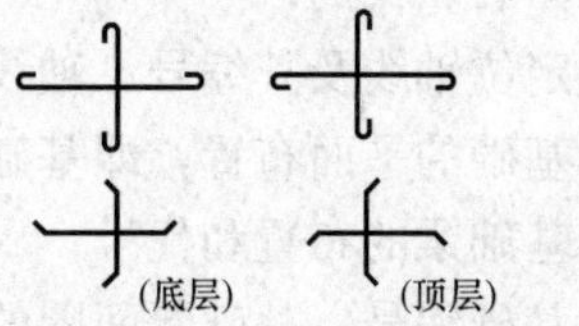 （底层）　　（顶层）
2	钢筋混凝土墙体配双层钢筋时，在配筋立面图中，远面钢筋的弯钩应向上或向左，而近面钢筋的弯钩向下或向右（JM：近面；YM：远面）	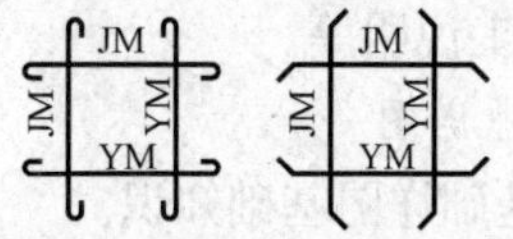 JM／YM
3	若在断面图中不能表达清楚的钢筋布置，应在断面图外面增加钢筋大样图（如：钢筋混凝土墙、楼梯等）	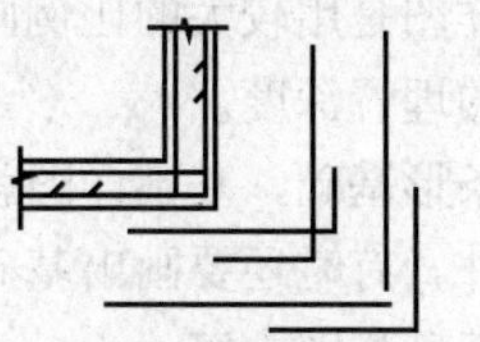
4	图中所表示的箍筋、环筋等若布置复杂时，可加画钢筋大样及说明	 或
5	每组相同的钢筋、箍筋或环筋，可用一根粗实线表示，同时用一两端带斜短划线的横穿细线，表示其余钢筋的起止范围	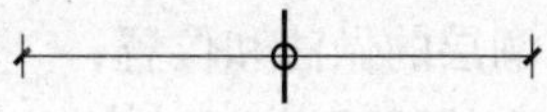

二、基础图的识读

基础图就是表示建筑物相对标高±0.000以下基础部分的平面布置、类型和详细构造的图样。基础图通常包括基础平面图、基础详图和说明三部分。

基础的形式是根据地基承载能力、建筑物上部结构形式，通过计算、设计确定的。

1. 基础平面图

（1）基础平面图基础知识。

基础平面图是表示基础施工完成后，基槽未回填土时基础平面布置的图样。它是采用剖切在相对标高±0.000下方的一个水平剖面图来表示的。

在基础平面图中，只要求画出基础墙、柱及它们基础底面的轮廓线。基础细部的轮廓线都省略不画，它们将具体反映在基础详图中。

基础墙和柱是剖切到的轮廓线，应画成粗实线。基础底的轮廓线是投影到的可见轮廓线，应画成细实线。如有基础梁，则用粗实线表示出它的中心位置。

由于基础平面图通常采用1：100的比例绘制，材料图例表示方法与建筑平面图相同。基础平面图应标出与建筑平面图相一致的定位轴线编号和轴线尺寸。基础平面图中标注的尺寸主要是标出基础底面的尺寸。

不同类型的基础、柱应用代号J1、J2、Z1、Z2等形式表示。本例中的条形基础不用基础编号表示，而直接用基础详图剖切位置线和注上1-1、2-2等来区别。

（2）基础平面图内容。

基础平面图主要有以下内容：

1）图名、比例；

2）定位轴线及其编号、轴线尺寸（必须与建筑平面图中的轴线一致）；

3）基础的平面布置，即基础墙、柱、基础底面的形状、大小及其与轴线的关系；

4）基础梁的布置和代号；

5）基础编号、基础断面图的剖切位置线及其编号；

6）施工说明等。

2. 基础详图

（1）基础详图基础知识。

基础详图是用较大的比例画出的基础局部构造图，表达出基础各部分的形状、大小、构造及基础的埋置深度。

对于条形基础，基础详图就是基础的垂直断面图。至于独立基础，除画出基础的断面图或剖面图外，有时还要画出基础的平面图或立面图。

（2）基础详图内容。

基础详图的主要内容如下：

1）图名（或基础代号）、比例；

2）基础断面图中轴线及其编号（若为通用图，则轴线圆圈内不予编号）；

3）基础断面形状、大小、材料以及配筋；

4）防潮层的做法和位置；

5）室内外地面标高及基础底面标高；

6）施工说明等。

三、结构平面图的识读

1. 比例

楼层平面图的比例应与本层建筑平面图相同。

2. 尺寸标注

楼层结构平面图应画出与建筑平面图完全相同的轴线网，标注轴线编号和轴线尺寸，以便确定梁、板、柱及其他构件的位置。一些次要构件的定位尺寸也应给出。

3. 楼板

楼层结构平面图中的楼板的制作有现浇和预制两种形式。若为现浇板，在需要现浇的范围内画一条斜线，斜线上注明板的编号，斜线下注明板的厚度。

若采用预制混凝土板，则在布置预制板的范围内用细实线画一条对角线，在对角线的一侧或两侧注写预制板的数量、代号及编号。

4. 梁、柱等承重构件

在楼层结构平面图中，凡是被剖切到的柱子均应涂黑，并注上相应的代号；板下的不可视梁、柱、墙用虚线画出；未被挡住的墙、柱轮廓线画成实线，门窗上沿均省略，梁的位置用粗点划线标明，并注写编号。

四、钢筋混凝土构件的识读

钢筋混凝土构件图内容包括模板图、配筋图、钢筋表和文字说明四部分。

1. 模板图

模板图是为浇筑构件的混凝土绘制的，主要表达构件的外形尺寸、预埋件的位置、预留孔洞的大小和位置。对于外形简单的构件，一般不必单独绘制模板图，只需在配筋图中把构件的尺寸标注清楚即可。对于外形较复杂或预埋件较多的构件，一般要单独画出模板图。

模板图的图示方法就是按构件的外形绘制的视图，外形轮廓线用中粗实线绘制，如图1-49 所示。

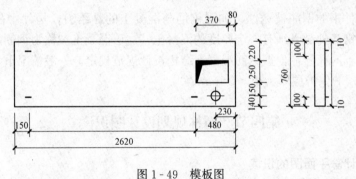

图 1-49　模板图

2. 配筋图

配筋图就是钢筋混凝土构件（结构）中的钢筋配置图，主要表示构件内部所配置钢筋的形状、大小、数量、级别和排放位置。配筋图又分为立面图、断面图和钢筋详图。

（1）立面图。立面图是假定构件为一透明体而画出的一个纵向正投影图，主要表示构件中钢筋的立面形状和上下排列位置。通常构件外形轮廓用细实线表示，钢筋用粗实线表示，如图1-50（a）表示。当钢筋的类型、直径、间距均相同时，可只画出其中的一部分，其余可省略不画。

（2）断面图。断面图是构件横向剖切投影图，主要表示钢筋的上下和前后的排列、箍筋的形状等内容。凡构件的断面形状及钢筋的数量、位置有变化之处，均应画出其断面图。断面图的轮廓为细实线，钢筋横断面用黑点表示，如图1-50（b）所示。

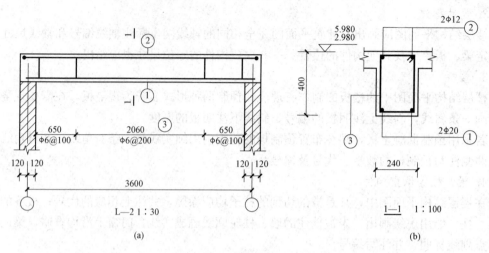

图 1-50　钢筋简支梁配筋图

（3）钢筋详图。钢筋详图是按规定的图例画出的一种示意图。它主要表示钢筋的形状，以便于钢筋下料和加工成型。同一编号的钢筋只画一根，并注出钢筋的编号、数量（或间距）等级、直径及各段的长度和总尺寸。

为了区分钢筋的等级、形状、大小，应将钢筋予以编号。钢筋编号是用阿拉伯数字注写在直径为 6mm 的细实线圆圈内，并用引出线指到对应的钢筋部位。同时，在引出线的水平线段上注出钢筋标注内容。

3. 钢筋的保护层

为了防止构件中的钢筋被锈蚀，加强钢筋与混凝土的黏结力，构件中的钢筋不允许外露，构件表面到钢筋外缘必须有一定厚度的混凝土，这层混凝土被称为钢筋的保护层。保护层的厚度因构件不同而异，根据钢筋混凝土结构设计规范规定，一般情况下，梁和柱的保护层厚为 25mm，板的保护层厚为 10～15mm。

第四节　园林规划设计图识读

一、园林设计总平面图的识读

1. 园林设计总平面图表达的内容

园林设计总平面图是设计范围内所有造园要素的水平投影图，它能表现设计范围内的所有内容，所包含的内容是最全面的。它包括园林建筑及小品、道路、广场、植物种植、景观设施、地形、水体等各种造园要素。此外，在总平面图中还要有相关的文字说明和设计指标与其相配套。

表达的主要内容有以下几方面：

（1）用地周边环境。

在环境图中标注出设计地段的位置、所处的环境、周边的用地情况、交通道路情况以及景观条件等。

（2）设计红线。

标明设计用地的范围，用红色粗双点画线标出，即规划红线范围。

（3）各种造园要素。

标明景区景点的设置，景区出入口的位置，园林植物、建筑和园林小品、水体水面、道路广场、山石等造园要素的种类和位置，地下设施外轮廓线，对原有地形、地貌等自然状况的改造和新的规划设计标高、高程，以及城市坐标。

（4）标注定位尺寸或坐标网。

园林设计总平面图的定位包括以下两种方式：

1）尺寸标注。以图中某一原有景物为参照物，标注新设计的主要景物和该参照物之间的相对距离。它通常适用于设计范围较小、内容相对较少的小项目的设计，如图 1 - 51 所示。

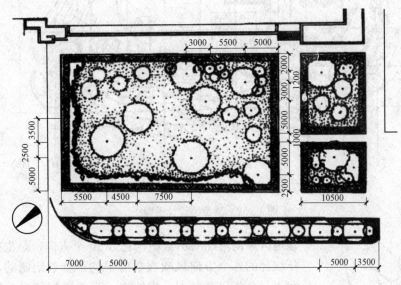

图 1 - 51　园林设计总平面图

2）坐标网标注。坐标网以直角坐标的形式进行定位，包括建筑坐标网、测量坐标网两种形式。建筑坐标网是以某一点为"零"点（一般为原有建筑的转角或原有道路的边线等），并以水平方向为 B 轴，垂直方向为 A 轴，按一定距离绘制出方格网，是园林设计图常用的定位形式。如对自然式园路、园林植物种植应以直角坐标网格作为控制依据。测量坐标网是根据测量基准点的坐标来确定方格网的坐标，并且以水平方向为 Y 轴，垂直方向为 X 轴，按一定距离绘制出方格网。坐标网都用细实线绘制，常用（2m×2m）～（10m×10m）的网格绘制，如图 1 - 52 所示。

（5）标题。

标题除了起到标示、说明设计项目以及设计图纸的名称作用之外，还具有一定的装饰效果，以增强图面的观赏效果。标题通常采用美术字。标题应该注意与图纸总体风格相协调。

（6）图例表。

图例表是用来说明图中一些自定义的图例所对应的含义。

（7）其他。

绘制比例尺、指北针或风玫瑰图以及设计说明等。风玫瑰图，如图 1 - 53 所示，是表示

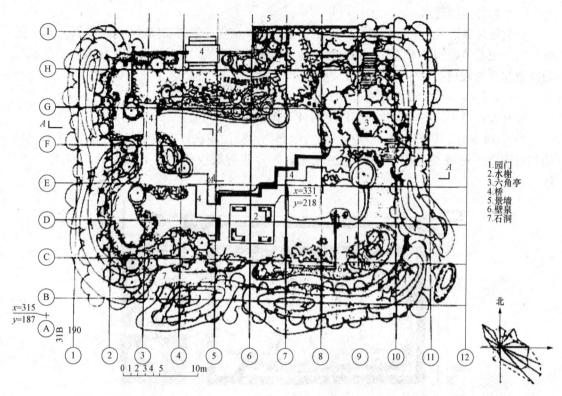

图1-52　某游园设计平面图

图中标注：
1.园门
2.水榭
3.六角亭
4.桥
5.景墙
6.壁泉
7.石洞

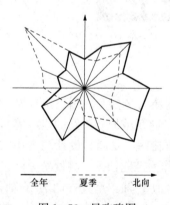

图1-53　风玫瑰图

该地区风向情况的示意图，它分16个方向，是根据该地区多年统计的各个方向风吹次数的平均百分数绘制的，图中粗实线表示全年风频情况，虚线表示夏季风频情况。风的方向从外吹向所在地区中心，最长线表示当地主导风向。指北针常与其合画在一起，用箭头方向表示北向。

2. 园林平面图识读的步骤

（1）看图名、图样比例，阅读设计说明，了解工程名称、性质、设计意图和设计范围等。

（2）看指北针或风玫瑰图，熟悉图例，了解新建景区的平面位置和朝向，明确总体布局情况。

（3）看等高线和水位线，了解图中各景区的地形和水体布置情况，根据图中各处位置的标高及绿地四周环境的标高、规划设计内容和景观要求检查竖向设计、地面坡度和排水方向。

（4）看坐标或尺寸，根据坐标网或尺寸标注明确施工放线的基准依据。

二、园林植物种植设计图的识读

1. 园林植物种植设计图的内容

园林植物种植设计图是表示设计植物的种类、数量、规格、种植位置及类型和要求的平面图样。

园林植物种植设计图是用相应的平面图例在图纸上表示设计植物的种类、数量、规格以及园林植物的种植位置。通常还在图面上适当的位置，用列表的方式绘制苗木统计表，具体统计并详细说明设计植物的编号、图例、种类、规格（包括树干直径、高度或冠幅）和数量等。

2. 园林种植设计图的识读

（1）看标题栏、比例、风玫瑰图及设计说明，了解当地的主导风向，明确绿化工程的目的、性质与范围，了解绿化施工后应达到的效果。

（2）根据植物图例及注写说明、代号和苗木统计表，了解植物的种类、名称、规格和数量，并结合施工做法与技术要求验核或编制种植工程预算。

（3）看植物种植位置及配置方法，分析设计方案是否合理，植物栽植位置与各种建筑构筑物和市政管线之间的距离（需另用图文表示）是否符合有关设计规范的规定。

（4）看植物的种植规格和定位尺寸，明确定点放线的基准。

三、园林竖向设计图的识读

（1）看图名、比例、指北针、文字说明了解工程名称、设计内容、所处方位和设计范围。

（2）看等高线的含义。

细实线为设计地形等高线，细虚线为原地形等高线。等高线上应标注高程，高程数字处等高线应断开，高程数字的字头应朝向山头，数字应排列整齐。周围平整地面高程定为±0.00，高于地面为正，数字前加"＋"号，习惯上将该符号省略；低于地面为负，数字前应注写"－"号。高程单位为 m，要求保留两位小数。对于水体，用特粗实线表示水体边界线（即驳岸线）。当湖底为缓坡时，用细实线绘出湖底等高线，同时标注高程。当湖底为平面时，用标高符号标注湖底高程，标高符号下面应加画短横线和45°斜线表示湖底。如图 1-55 所示，该园水池居中，近方形，常水位为－0.20m，池底平整，标高均为－0.80m。游园的东、西、南部分布坡地土丘，高度在 0.6～2m，以东北角为最高，结合原地形高程可见中部挖方量较大，东北角填方量较大。

（3）看建筑、山石和道路高程。

建筑用中实线，山石用粗实线，广场、道路用细实线。建筑须标注室内地坪标高，用箭头指向所在位置。山石用标高符号标注最高部位的标高。道路的高程标注在交汇、转向以及变坡处，标注位置以圆点表示，圆点上方标注高程数字。如图 1-54 所示，六角亭置于标高2.40m 的石山之上，亭内地面标高 2.70m，为全园最高景观。园中道路较平坦，除南部、西部部分路面略高以外，其余均为±0.00。

（4）看排水方向。

根据坡度，用单箭头标注雨水排除方向。如图 1-54 所示，该园利用自然坡度排出雨水，大部分雨水流入中部水池，四周流出园外。

（5）看坐标，确定施工放线依据。

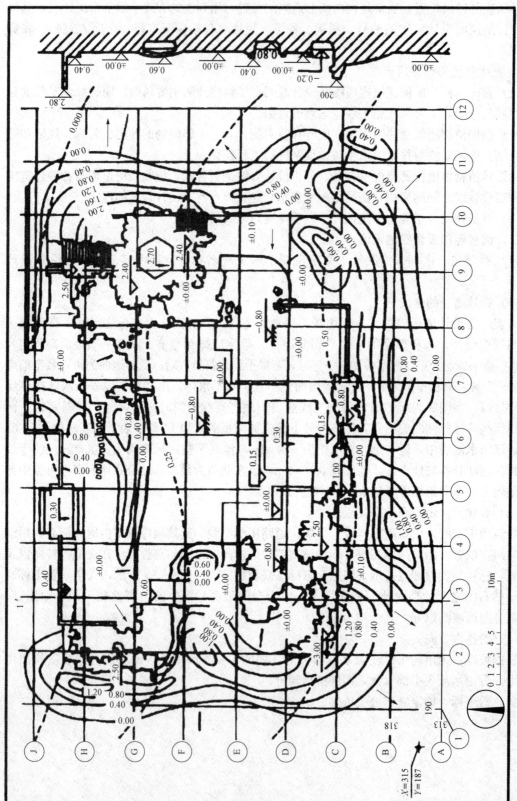

图 1-54　某游园地形设计图

第五节 园林给排水识读

一、给排水施工图的内容

给排水施工图可分为室内排水施工图与室外排水施工图两大类，它们一般都是由基本图和详图组成。

基本图包括如下：

（1）管道平面布置图。

（2）剖面图。

（3）系统轴测图（又称管道系统图）。

（4）原理图及说明等。

详图要求标明各局部的详细尺寸及施工要求。

室内排水施工图表示建筑物内部的给水工程和排水工程（如厕所、浴室、厨房、锅炉房、实验室等），主要包括平面图、系统图和详图。

室外给排水施工图表示一个区域或一个厂区的给水工程设施。

二、给排水管道平面图

1. 室内给排水管道平面图

室内给排水管道平面图表示建筑物内的给水和排水工程内容，主要包括平面图、系统图和详图。室内与室外的分界一般以建筑物外墙为界，有时给水以进水口处的阀门为界，排水以室外第一个排水检查井为界。

2. 室外给排水管道平面图

室外给水系统的主要组成见表 1-14。

表 1-14 室外给水系统的主要组成

序号	项目	说明
1	取水构筑物	在水源建造的取水构筑物
2	一级水泵站	从取水构筑物取水，将水送到净水构筑物
3	净水构筑物	包括反应池、沉淀池、澄清池、快滤池等，对水进行净化处理，使水质达到用水标准
4	清水池	储存处理过的净水
5	二级泵站	将清水加压送至输水管网
6	输水管	由二级泵站至水塔或配水管网的输水管道
7	水塔	收集、储备、调节二级泵站与用户之间的水量，并将水压入配水管网

三、给排水管道系统图

给排水管道系统图分为给水系统和排水系统两大部分，是用轴测投影的方式来表示给水管道系统的上、下层之间空间关系和前后、左右之间的空间关系。在系统图中除注有各管径尺寸及主管编号外，还注有管道的标高和坡度。

四、给排水管道详图

给排水管道详图又称大样图，它表示某些设备或管道节点的详细构造与安装要求。有的详图可直接查阅标准图集或室内给排水手册，如水表、卫生设备等的安装详图。

五、常用的给排水图例

常用的给排水图例，见表 1 - 15。

表 1 - 15　　　　　　　　　　　　常用给排水图例

序号	名称	图例	备注
1	生活给水管	——— J ———	—
2	热水给水管	——— RJ ———	—
3	热水回水管	——— RH ———	—
4	中水给水管	——— ZJ ———	—
5	废水管	——— F ———	可与中水原水管合用
6	通气管	——— T ———	—
7	污水管	——— W ———	—
8	雨水管	——— Y ———	—
9	管道立管	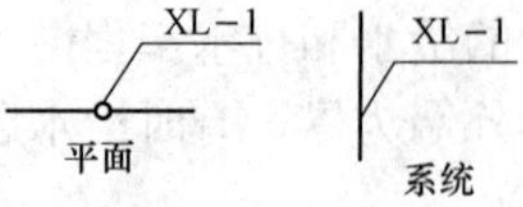 XL-1（平面）　XL-1（系统）	X 为管道类别，L 为立管，1 为编号
10	排水明沟	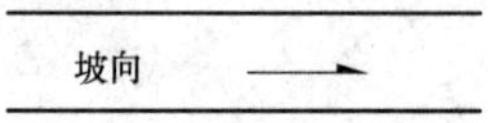 坡向 →	—
11	排水暗沟	 坡向 →	—
12	立管检查口		—
13	清扫口	 平面　系统	—
14	通气帽	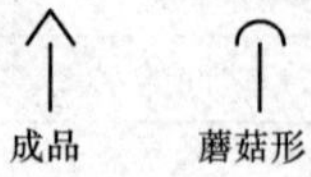 成品　蘑菇形	—
15	雨水斗	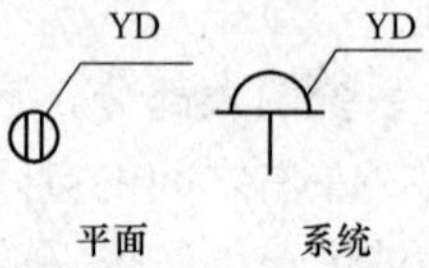 YD（平面）　YD（系统）	—
16	圆形地漏	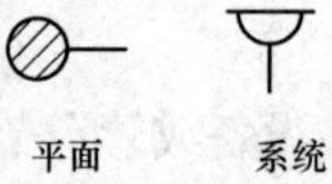 平面　系统	通用。如无水封，地漏应加存水弯

序号	名称	图例	备注
17	方形地漏	平面　系统	—
18	S形存水弯		—
19	P形存水弯		—
20	闸阀		—
21	截止阀		—
22	水嘴	平面　系统	—
23	室外消火栓		—
24	室内消火栓（单口）	平面　系统	白色为开启面
25	室内消火栓（双口）	平面　系统	—
26	立式洗脸盆		—
27	台式洗脸盆		—
28	挂式洗脸盆		—
29	浴盆		—
30	盥洗槽		—
31	污水池		—
32	立式小便器		—

序号	名称	图例	备注
33	壁挂式小便器		—
34	蹲式大便器		—
35	坐式大便器		—
36	小便槽		—
37	淋浴喷头		—
38	矩形化粪池	HC	HC 为化粪池
39	雨水口（单算）		—
40	雨水口（双算）		—
41	阀门井及检查井	J—×× W—×× Y—××	以代号区别管道
42	水表井		—

第六节　园林电气施工图识读

一、电气施工图的内容与组成

电气施工图一般由首页、电气外线总平面图、电气平面图、电气系统图、设备布置图、控制原理图和详图等组成，见表1-16。

表 1 - 16 　　　　　　　　　　　电气施工图的内容与组成

序号	项目	说明
1	首页	首页的内容主要包括图纸目录、图例、设备明细表和施工说明等
2	电气外线总平面图	电气外线总平面图是根据建筑总平面图绘制的变电所、架空线路或地下电缆位置并注明有关施工方法的图样
3	电气平面图	电气平面图是表示各种电气设备与线路平面布置的图纸,它是电气安装的重要依据
4	电气系统图	电气系统图是概括整个工程或其中某一工程的供电方案与供电方式,并用单线连接形式表示线路的图样。它比较集中地反映了电气工程的规模
5	设备布置图	设备布置图是表示各种电气设备的平面与空间的位置、安装方式及其相互关系的图纸
6	控制原理图	控制原理图是单独用来表示电气设备及元件控制方式及其控制线路的图样,主要表示电气设备及元件的启动、保护、信号、联锁、自动控制及测量等。通过控制原理图可以知道各设备元件的工作原理、控制方式,掌握建筑物的功能实现的方法等
7	详图	详图一般采用标准图,主要表明线路敷设、灯具、电气安装及防雷接地、配电箱(板)制作和安装的详细做法和要求

二、电气平面图

电气平面图是电气安装的重要依据,它是将同一层内不同高度的电器设备及线路都投影到同一平面上来表示的。平面图一般包括变配电平面图、动力平面图、照明平面图、防雷接地平面图及弱电(电话、广播)平面图等。如图 1 - 55 所示为某屋顶花园的供电、照明平面图。

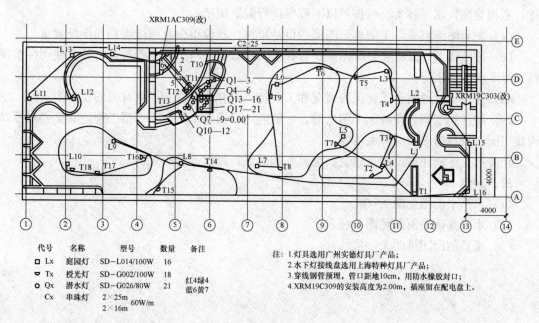

图 1 - 55　某屋顶花园的供电、照明平面图

三、电气系统图

电气系统图分为电力系统图、照明系统图和弱电（电话、广播等）系统图。电气系统图上标有整个建筑物内的配电系统和容量分配情况、配电装置、导线型号、截面、敷设方式及管径等。

四、电气详图

电气安装工程的局部安装大样、配件构造等均要用电气详图表示出来才能施工。一般的施工图不绘制电气详图，电气详图与一些具体工程的做法均参考标准图或通用图册施工。有些设计单位为避免重复作图，提高设计速度，还自行编绘了通用图集供安装施工使用。

第七节　园林工程实例

一、实例概述

本例选用了一段园林广场的施工图，涉及施工过程中普遍使用的施工工艺，具有一定的代表性。通过阅读本节，读者可在理解内容的过程中培养以下三种基本能力：

（1）具有一定的识读施工图的能力。

（2）了解绘制施工图的步骤和程序，包括根据已有施工图放大样、补充设计、变更材料或做法等。

（3）具有一定的审核园林施工图的能力，能够参照实际工程，发现施工图中的错误、疏漏以及与实际不符之处。

二、识读方法

当要阅读一套图纸时，如果不注意方法，不分先后，不分主次，就无法快速准确获取施工图纸的信息和内容。根据实践经验，读图的方法一般是：从整体到局部，再由局部到整体；互相对照，逐一核实。可按照以下程序进行阅读图纸：

（1）先看图纸目录，了解本套图纸的设计单位、建设单位及图纸类别和图纸数量。

（2）按照图纸目录检查各类图纸是否齐全，图纸编号与图名是否符合，是否使用标准图以及标准图的类别等。

（3）通过设计说明，了解工程概况和工程特点，并应掌握和了解有关的技术要求。

（4）阅读施工图。在看施工图之前，一般应先看懂施工图，大中型工程还有必要对照结构施工图、设备施工图的有关内容。

在按照上述顺序通读的基础上，反复互相对照，以保证理解无误。

三、实例

（1）水系平面图见图1-56。

（2）水系基础平面图见图1-57。

（3）水系剖面图见图1-58。

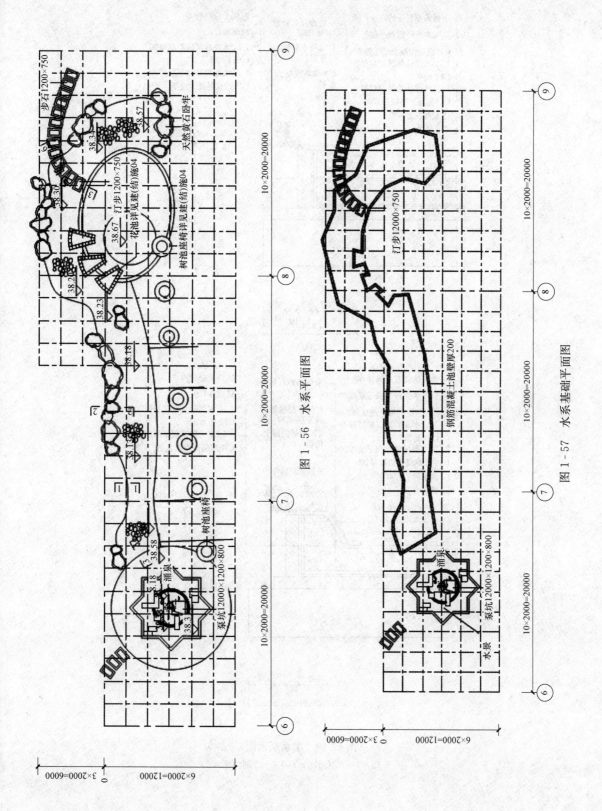

图 1-56 水系平面图

图 1-57 水系基础平面图

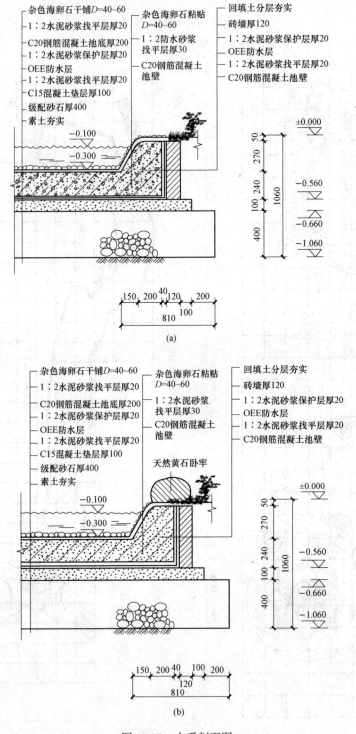

图 1-58　水系剖面图

(a) 1—1 剖面图；(b) 2—2 剖面图

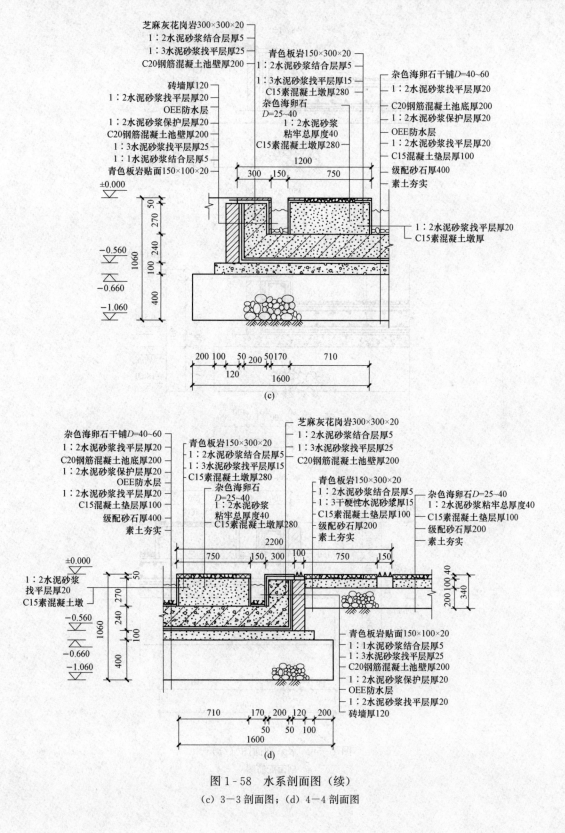

图 1-58　水系剖面图（续）

（c）3—3 剖面图；（d）4—4 剖面图

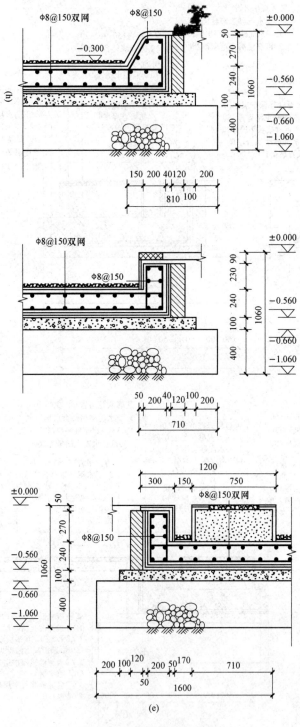

图 1-58　水系剖面图（续）

（e）剖面配筋图

（4）形式、基础、定位图见图 1-59～图 1-61。

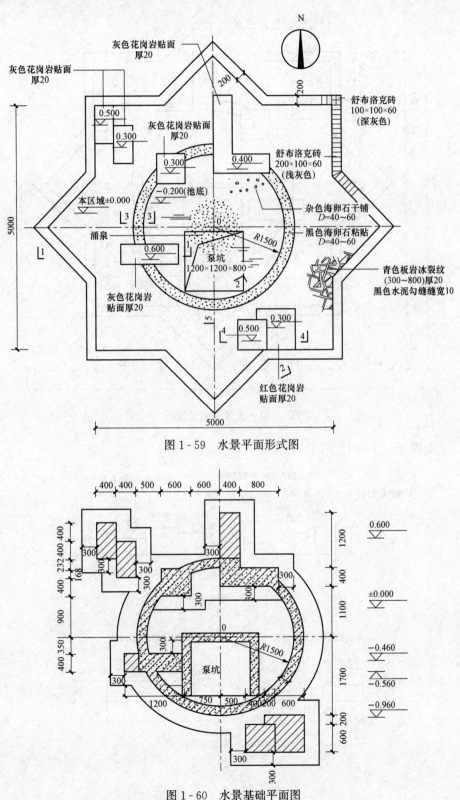

图 1-59 水景平面形式图

图 1-60 水景基础平面图

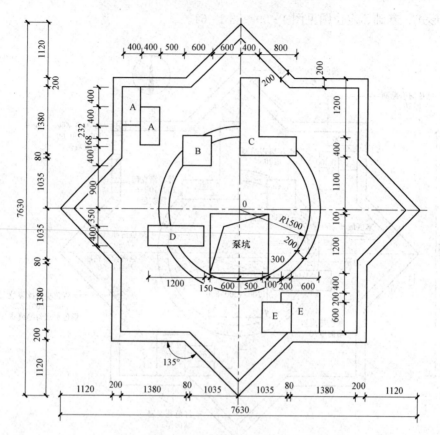

图 1-61　水景平面定位图

（5）立面图见图 1-62、图 1-63。

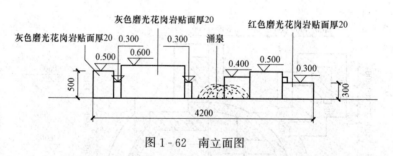

图 1-62　南立面图

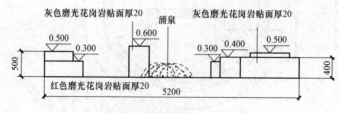

图 1-63　东立面图

（6）用料表见表1-17。

表1-17　　　　　　　　　　　　石台贴面材料用量

序号	选材名称		规格（mm×mm×mm）	数量（块）	面积（m²）
1	花岗岩	灰色磨光	400×400×20	25	4
2			400×500×20	4	0.8
3			400×300×20	6	0.72
4			400×200×20	6	0.48
5			600×600×20	1	0.36
6			600×500×20	2	0.6
7			600×300×20	2	0.36
8			400×600×20	11	2.64
9		红色磨光	600×600×20	2	0.72
10			200×200×20	1	0.04
11			600×200×20	2	0.24
12			600×500×20	2	0.6
13			600×300×20	3	0.54
14			300×200×20	3	0.18
15			异型加工	1	0.24

（7）花池见图1-64～图1-69。

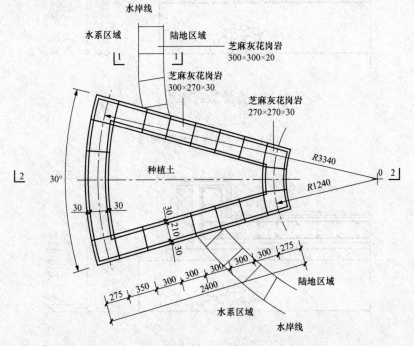

图1-64　花池平面图

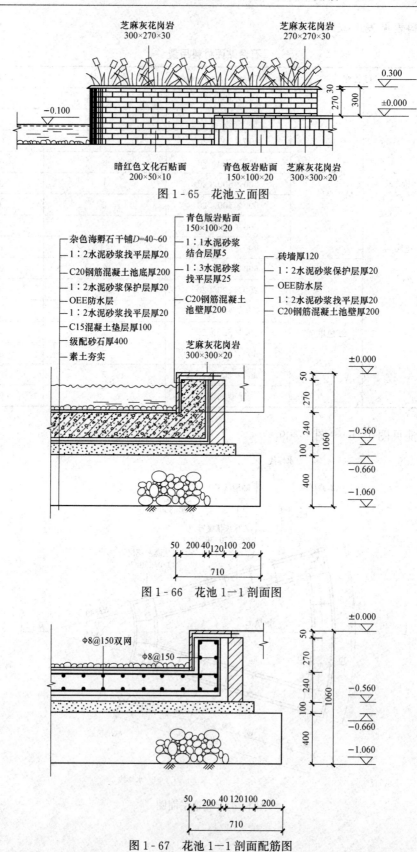

芝麻灰花岗岩
300×270×30

芝麻灰花岗岩
270×270×30

0.300

±0.000

−0.100

−0.100

暗红色文化石贴面
200×50×10

青色板岩贴面
150×100×20

芝麻灰花岗岩
300×300×20

图 1-65　花池立面图

青色版岩贴面
150×100×20

杂色海卵石干铺 D=40~60

1:2水泥砂浆找平层厚20

C20钢筋混凝土池底厚200

1:2水泥砂浆保护层厚20

OEE防水层

1:2水泥砂浆找平层厚20

C15混凝土垫层厚100

级配砂石厚400

素土夯实

1:1水泥砂浆
结合层厚5

1:3水泥砂浆
找平层厚25

C20钢筋混凝土
池壁厚200

砖墙厚120

1:2水泥砂浆保护层厚20

OEE防水层

1:2水泥砂浆找平层厚20

C20钢筋混凝土池壁厚200

芝麻灰花岗岩
300×300×20

±0.000

−0.560

−0.660

−1.060

50　200 40 120 100　200

710

图 1-66　花池 1—1 剖面图

Φ8@150双网

Φ8@150

±0.000

−0.560

−0.660

−1.060

50　200 40 120 100　200

710

图 1-67　花池 1—1 剖面配筋图

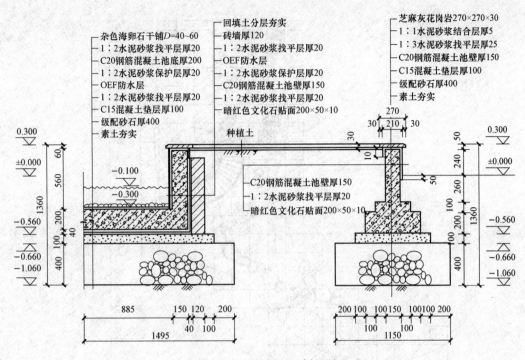

图 1-68 花池 2—2 剖面图

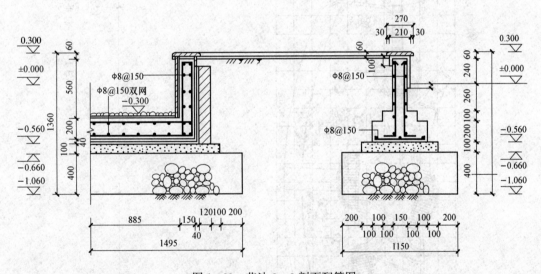

图 1-69 花池 3—3 剖面配筋图

（8）总平面图见图 1-70。

（9）水景平面图见图 1-71～图 1-74。

（10）园桥见图 1-75～图 1-79。

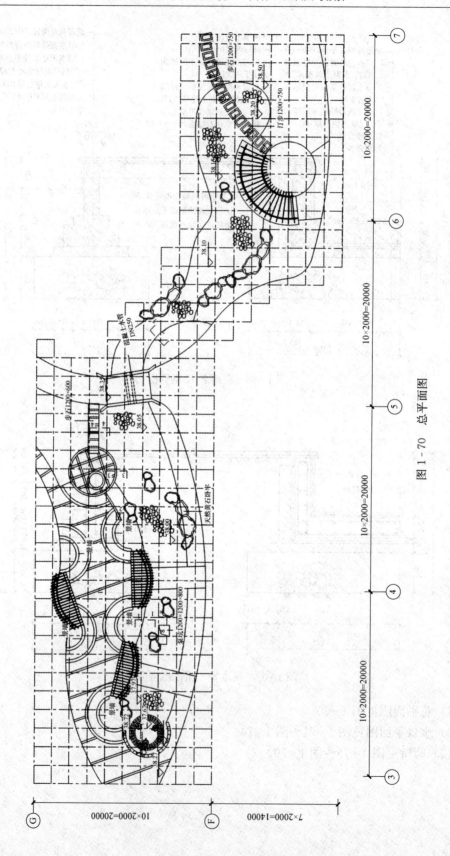

图 1－70　总平面图

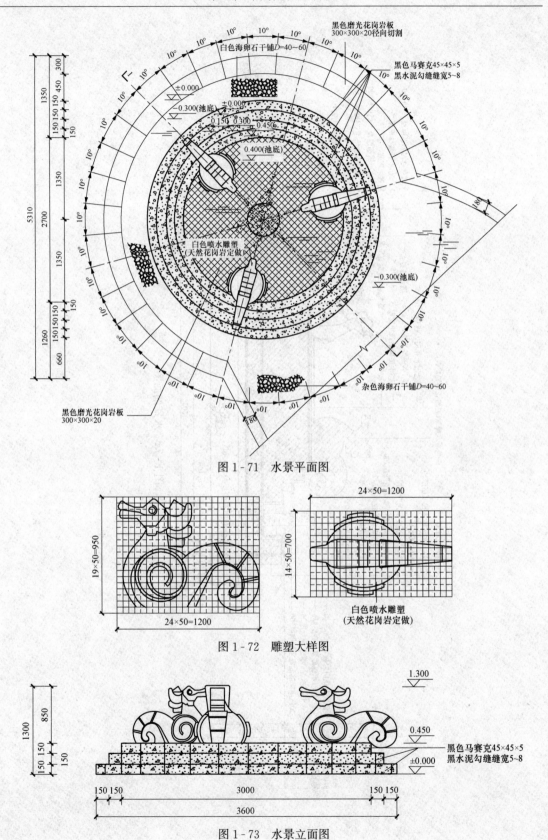

图 1-71 水景平面图

图 1-72 雕塑大样图

白色喷水雕塑
(天然花岗岩定做)

图 1-73 水景立面图

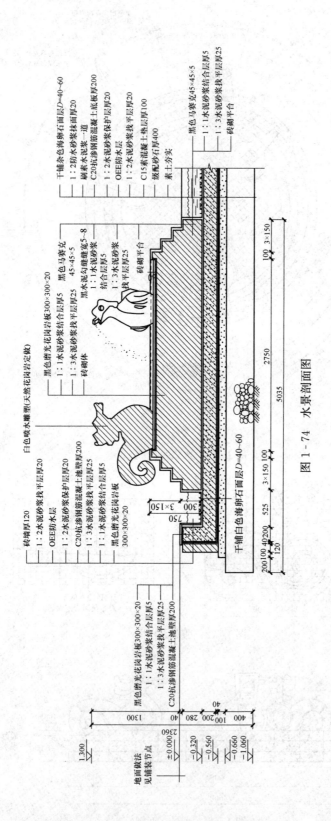

图 1 - 74　水景剖面图

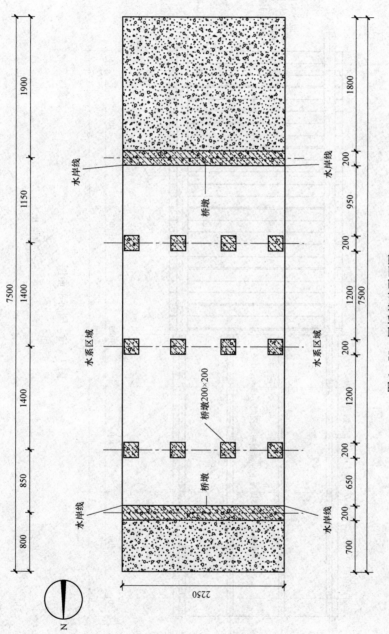

图 1-75 园桥基础平面图

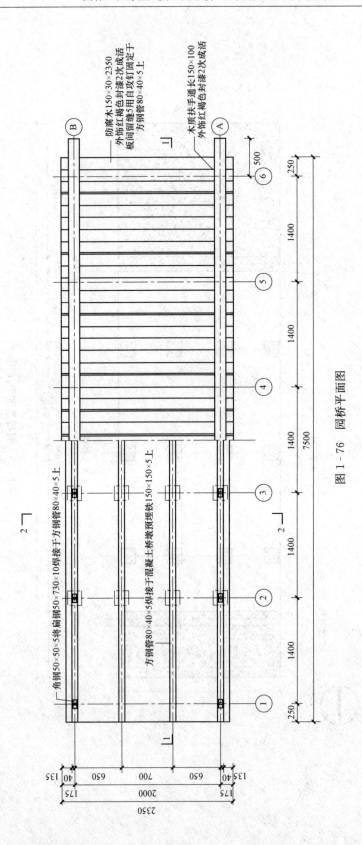

图 1-76　园桥平面图

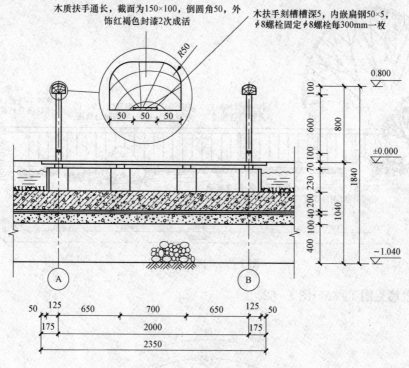

图 1-77 园桥剖面图

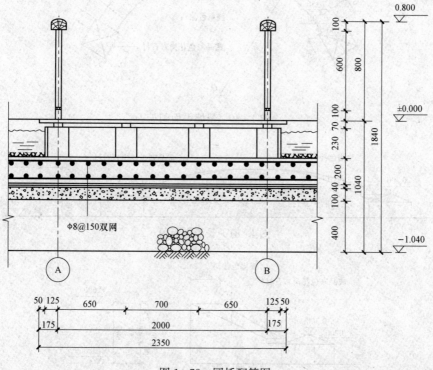

图 1-78 园桥配筋图

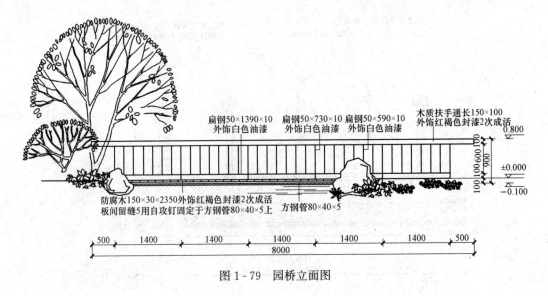

图 1-79　园桥立面图

（11）景墙见图 1-80～图 1-82。

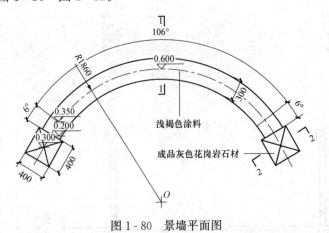

图 1-80　景墙平面图

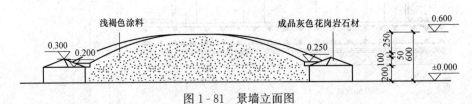

图 1-81　景墙立面图

图 1-82　景墙侧立面图

（12）花架见图 1-83～图 1-88。

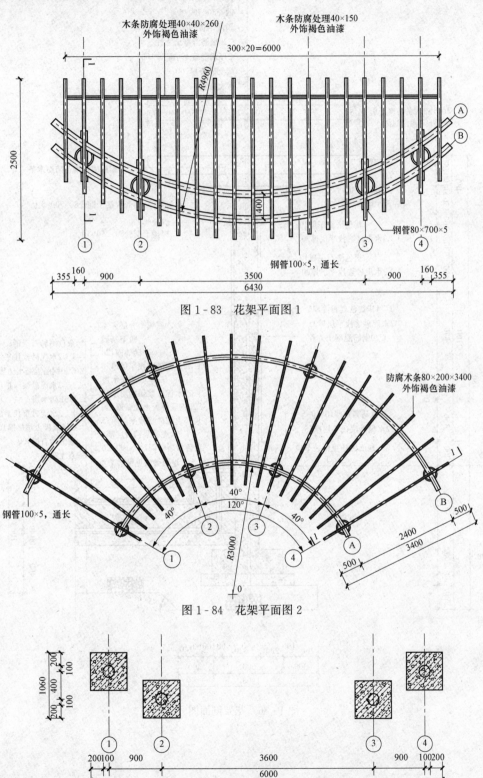

图 1-83 花架平面图 1

图 1-84 花架平面图 2

图 1-85 花架基础平面图

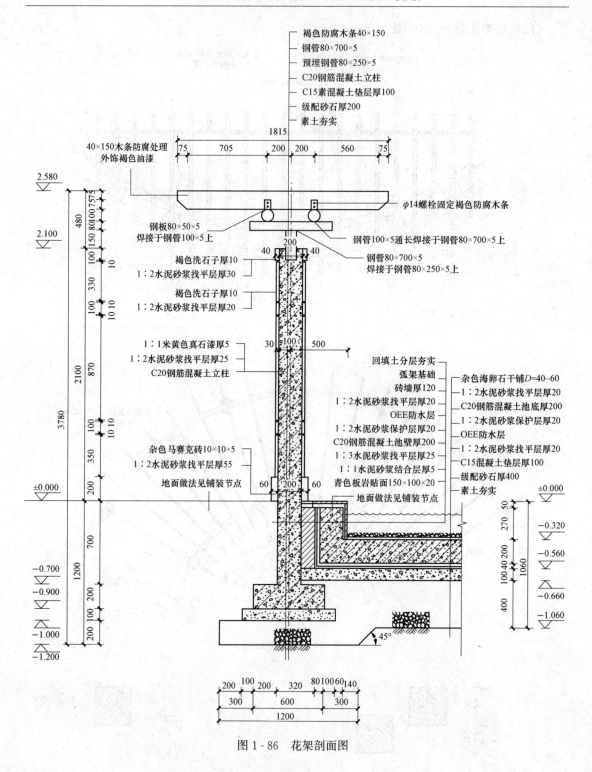

图 1-86 花架剖面图

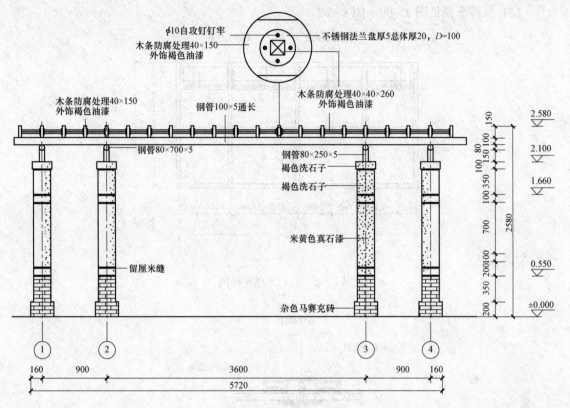

图 1 - 87　花架正立面图

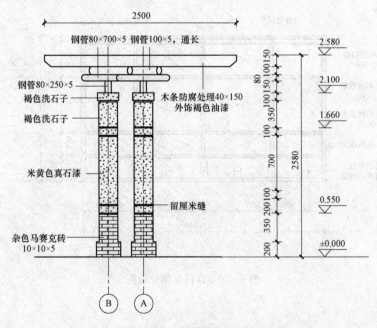

图 1 - 88　花架侧立面图

（13）自行车棚见图 1-89～图 1-92。

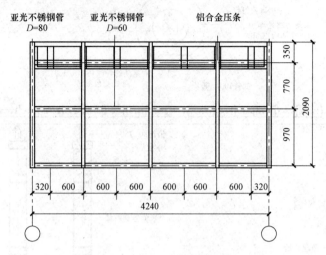

图 1-89 自行车棚平面图

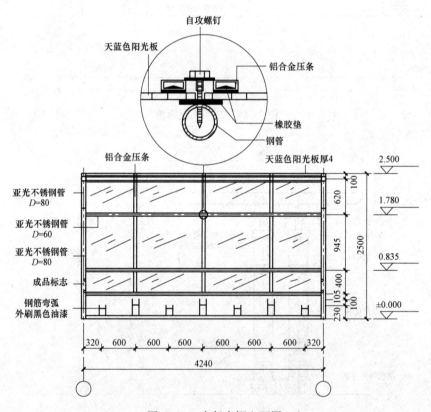

图 1-90 自行车棚立面图

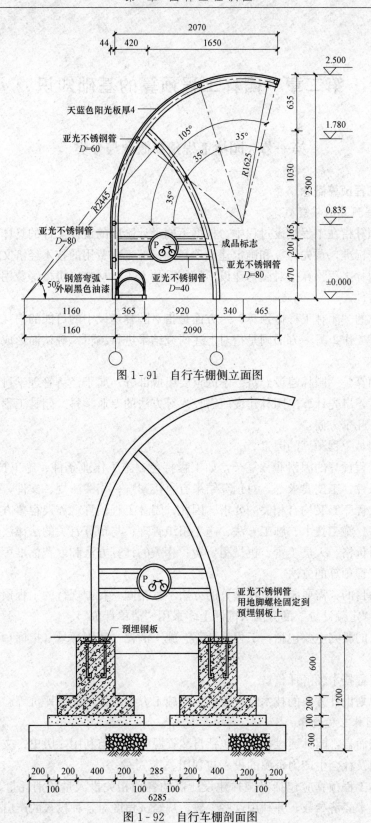

图 1-91 自行车棚侧立面图

图 1-92 自行车棚剖面图

第二章　园林工程预算的基础知识

第一节　园林工程预算概念与分类

一、园林工程预算概念

1. 园林工程预算的一般概念

园林工程预算指在工程建设过程中，根据不同设计阶段的设计文件的具体内容和有关定额、指标及取费标准，预先计算和确定建设项目的全部工程费用的技术经济文件。

简言之，园林工程预算指对园林建设项目所需的人工、材料、机械等费用预先计算和确定的技术经济文件。

习惯上所称的"园林工程概预算"一方面是指对园林建设中的可能的消耗进行研究、预先计算、评估等工作；另一方面则是指对上述研究结果进行编辑、确认而形成的相关技术经济文件。

园林工程预算是"园林建设经济"学的重要组成部分，属于经济管理学科，是研究如何根据相关诸因素，事先计算出园林建设所需投入等方法的专业学科。园林工程预算主要研究的内容包括如下几个方面：

（1）影响园林工程预算的因素。

影响园林工程预算的因素非常复杂，如工程特色、施工作业条件、施工技术力量条件、材料市场供应条件、工期要求等，对预算结果有直接影响；相关法规、文件，对园林工程预算的具体方法、程序等又均有相关的要求。因此，园林工程预算就涉及很多方面的知识，如识图、施工工序、施工技术、施工方法、施工组织管理；与预算有关的法律法规；与建园相关的建设用材料价格、人员工资、机械租赁费；相关的计算方法和取费标准等。

（2）园林工程预算的方法。

根据不同的目的，需要园林工程预算的方法不尽相同。我国现行的工程预算计价方法有"清单计价"和"定额计价"的方法（国际上多采用"清单计价"）。

对计算方法的研究主要包括：工程量计算、施工消耗（使用）量（指标）计算、价格计算、费用计算等。

（3）园林工程技术经济评价。

主要是对规划设计方案的技术经济评价、对施工方案的技术经济评价等。

2. 广义的园林工程预算

就学术范围而言，园林建设投入应包括自然资源的投入与利用，历史、文化、景观资源的投入与利用以及社会生产力资源的投入与利用。

广义的园林工程预算应包括对园林建设所需的各种相关投入量或消耗量，进行预先计算，获得各种技术经济参数，并利用这些参数，从经济角度对各种投入的产出效益和综合效益等进行比较、评估、预测等的全部技术经济的系统权衡工作和由此确定的技术经济文件。

因此，从广义上来说，又称其为"园林经济"。

二、园林工程预算的分类

常见的园林工程预算种类有以下几种：

（1）立项估算。用于项目可行性研究阶段。

（2）设计概算。设计预算是由设计单位在初步设计阶段，根据初步设计图纸，按照有关工程概算定额（或概算指标）、各项费用定额（或取费标准）等有关资料，预先计算和确定工程费用的文件。

（3）施工图预算。施工图预算指工程设计单位或工程建设单位，根据已批准的施工图纸，在既定的施工方案前提下，按照国家颁布的各项工程预算定额、单位估价表及各种费用标准等有关资料，对工程造价的预先计算和确定。

（4）施工预算。由施工单位内部编制的一种预算。

施工单位在施工前，在施工图预算的控制下，根据施工图计算工程量、施工定额、单位工程施工组织设计等资料，通过工料分析，预先计算和确定工程所需的人工、材料、机械台班消耗量及其相应费用。

（5）后期养护管理预算。

根据园林绿化养护管理定额，对养护期内相关养护项目所需费用支出进行预算而编制的施工后期管理用的预算文件。

（6）竣工决算。

分为施工单位竣工决算和建设单位竣工决算，是反映建设项目实际造价和投资效果的文件。竣工决算包括从筹建到竣工验收的全部建设费用。

（7）竣工后的决算。

三、园林工程概预算各阶段的关系

业内人士称的"园林工程概预算"大体包括设计概算、施工图预算、竣工决算，又简称"三算"。

概算是基础，由设计单位主编。施工图预算由设计单位或工程建设单位编制。

竣工决算由建设单位或施工单位编制。

三者关系：概算价值不得超过计划任务书的投资额，施工图预算和竣工决算不得超过概算价值。

三者都有独立的功能，在工程建设的不同阶段发挥各自的作用。

第二节　预算费用的构成

一、直接费

直接费是指施工中直接用于某工程上的各项费用总和，由直接工程费和措施费组成。

1. 直接工程费

直接工程费是指在施工过程中耗费的构成工程实体的各项费用，包括人工费、材料费、施工机械使用费。

（1）人工费。

人工费是指直接从事工程施工的生产工人开支的各项费用。人工费包括基本工资、工资性补贴、辅助工资、职工福利费、生产工人劳动保护费等。

1）基本工资是指发给生产工人的基本工资。

2）工资性补贴是指按规定标准发放的物价补贴、煤电补贴、肉价补贴、副食补贴、粮油补贴、自来水补贴、粮价补贴、电价补贴、燃料补贴、燃气补贴、市内交通补贴、住房补贴、集中供暖补贴、寒区补贴、地区津贴、林区津贴和流动施工津贴等。

3）辅助工资是指生产工人年有效施工天数以外非作业天数的工资，包括职工学习、培训期间的工资，调动工作、探亲、休假期间的工资，因气候影响的停工工资，女工哺乳时间的工资，病假在六个月以内的工资及产、婚、丧假期的工资。

4）职工福利费是指按规定标准计提的职工福利费用。

5）生产工人劳动保护费是指按标准发放的劳动防护用品的购置费及修理费、徒工服装补贴、防暑降温措施费用。

（2）材料费。

材料费是指在施工过程中耗费的构成工程实体的原材料、辅助材料、构配件、零件、半成品的费用，内容包括以下各项费用：

1）材料原价（或供应价格）。

2）材料运杂费是指材料自来源地运至工地或指定堆放点所发生的包装、捆扎、运输、装卸等费用。

3）运输损耗费是指材料在运输装卸过程中不可避免的损耗。

4）采购及保管费是指为组织采购、供应和保管材料过程中所需要的各项费用，包括采购费、仓储费、工地保管费、仓储损耗。

（3）施工机械使用费。

施工机械使用费是指施工机械作业所发生的机械使用费以及机械安拆费和场外运费。施工机械台班单价应由折旧费、大修理费、经常修理费、安拆费及场外运费、人工费、燃料动力费组成。

1）折旧费指施工机械在规定的使用年限内，陆续收回其原值及购置资金的时间价值。

2）大修理费指施工机械按规定的大修理间隔台班进行必要的大修理，以恢复其正常功能所需的费用。

3）经常修理费指施工机械除大修理以外的各级保养和临时故障排除所需的费用，包括为保障机械正常运转所需替换设备与随机配备工具、附件的摊销和维护费用，机械运转中日常保养所需润滑与擦拭的材料费用及机械停滞期间的维护和保养费用等。

4）安拆费及场外运费。安拆费指施工机械在现场进行安装与拆卸所需的人工、材料、机械和试运转费用以及机械辅助设施的折旧、搭设、拆除等费用；场外运费指施工机械整体或分体自停放地点运至施工现场或由一施工地点运至另一施工地点的运输、装卸、辅助材料及架线等费用。

5）人工费指机上司机和其他操作人员的工作日人工费及上述人员在施工机械规定的年工作台班以外的人工费。

6）燃料动力费指施工机械在运转作业中所消耗的固体燃料（煤、木柴）、液体燃料（汽油、柴油）及水、电等。

2. 措施费

措施费是指为完成工程项目施工，发生于该工程施工前和施工过程中非工程实体项目的费用。内容包括以下各项费用：

（1）环境保护费，是指施工现场为达到环保部门要求所需要的各项费用。

（2）文明施工费，是指施工现场文明施工所需要的各项费用。

（3）安全施工费，是指施工现场安全施工所需要的各项费用。

（4）临时设施费，是指施工企业为进行建筑工程施工所必须搭设的生活和生产用的临时建筑物、构筑物和其他临时设施费用等。

临时设施包括临时宿舍、文化福利及公用事业房屋与构筑物，仓库、办公室、加工厂以及规定范围内道路、水、电、管线等临时设施和小型临时设施。

临时设施费用包括临时设施的搭设、维修、拆除费或摊销费。

（5）夜间施工费，是指因夜间施工所发生的夜班补助费、夜间施工降效、夜间施工照明设备摊销及照明用电等费用。

（6）二次搬运费，是指因施工场地狭小等特殊情况而发生的二次搬运费用。

（7）大型机械设备进出场及安拆费，是指机械整体或分体自停放场地运至施工现场或由一个施工地点运至另一个施工地点，所发生的机械进出场运输及转移费用及机械在施工现场进行安装、拆卸所需的人工费、材料费、机械费、试运转费和安装所需的辅助设施的费用。

（8）混凝土、钢筋混凝土模板及支架费，是指混凝土施工过程中需要的各种钢模板、木模板、支架等的支、拆、运输费用及模板、支架的摊销（或租赁）费用。

（9）脚手架费，是指施工需要的各种脚手架搭、拆、运输费用及脚手架的摊销（或租赁）费用。

（10）已完工程及设备保护费，是指竣工验收前，对已完工程及设备进行保护所需费用。

（11）施工排水、降水费，是指为确保工程在正常条件下施工，采取各种排水、降水措施所发生的各种费用。

3. 其他直接费

其他直接费是指在施工过程中发生的具有直接费性质但未包括在预算定额之内的费用。

二、间接费

由规费、企业管理费两部分组成。

1. 规费

规费是指按国家法律、法规规定，由省级政府和省级有关权力部门规定施工单位必须缴纳或计取，应计入建筑安装工程造价的费用。规费主要包括社会保险费、住房公积金。

（1）社会保险费。包括：

1）养老保险费，是指企业按规定标准为职工缴纳的基本养老保险费。

2）失业保险费，是指企业按照国家规定标准为职工缴纳的失业保险费。

3）医疗保险费，是指企业按照规定标准为职工缴纳的基本医疗保险费。

4）工伤保险费，是指企业按照国务院制定的行业费率为职工缴纳的工伤保险费。

5）生育保险费，是指企业按照国家规定为职工缴纳的生育保险。根据"十三五"规划纲要，生育保险与基本医疗保险合并的实施方案已在 12 个试点城市行政区域进行试点。

（2）住房公积金，是指企业按规定标准为职工缴纳的住房公积金。

社会保险费和住房公积金应以定额人工费为计算基础，根据工程所在地省、自治区、直辖市或行业建设主管部门规定费率计算。

社会保险费和住房公积金＝$\sum$（工程定额人工费×社会保险费和住房公积金费率）

社会保险费和住房公积金费率可以每万元发承包价的生产工人人工费和管理人员工资含量与工程所在地规定的缴纳标准综合分析取定。

2. 企业管理费

企业管理费是指园林建设企业组织施工生产和经营管理所需费用。企业管理费内容包括以下各项费用：

（1）管理人员工资，是指按规定支付给管理人员的计时工资、奖金、津贴补贴、加班加点工资及特殊情况下支付的工资等。

（2）办公费，是指企业管理办公用的文具、纸张、账簿、印刷、邮电、书报、办公软件、现场监控、会议、水电、烧水和集体取暖降温（包括现场临时宿舍取暖降温）等费用。当采用一般计税方法时，办公费中增值税进项税额的扣除原则：以购进货物适用的相应税率扣减，其中购进自来水、暖气、冷气、图书、报纸、杂志等适用的税率为9%，接受邮政和基础电信服务等适用的税率为9%，接受增值电信服务等适用的税率为6%，其他一般为13%。

（3）差旅交通费，是指职工因公出差、调动工作的差旅费、住勤补助费，市内交通费和误餐补助费，职工探亲路费，劳动力招募费，职工退休、退职一次性路费，工伤人员就医路费，工地转移费以及管理部门使用的交通工具的油料、燃料等费用。

（4）固定资产使用费，是指管理和试验部门及附属生产单位使用的属于固定资产的房屋、设备、仪器等的折旧、大修、维修或租赁费。当采用一般计税方法时，固定资产使用费中增值税进项税额的扣除原则：购入的不动产适用的税率为9%，购入的其他固定资产适用的税率为13%。设备、仪器的折旧、大修、维修或租赁费以购进货物、接受修理修配劳务或租赁有形动产服务适用的税率扣除，均为13%。

（5）工具用具使用费，是指企业施工生产和管理使用的不属于固定资产的工具、器具、家具、交通工具和检验、试验、测绘、消防用具等的购置、维修和摊销费。当采用一般计税方法时，工具用具使用费中增值税进项税额的扣除原则：以购进货物或接受修理修配劳务适用的税率扣减，均为13%。

（6）劳动保险和职工福利费，是指由企业支付的职工退职金、按规定支付给离休干部的经费，集体福利费、夏季防暑降温、冬季取暖补贴、上下班交通补贴等。

（7）劳动保护费，是企业按规定发放的劳动保护用品的支出，如工作服、手套、防暑降温饮料，以及在有碍身体健康的环境中施工的保健费用等。

（8）检验试验费，是指施工企业按照有关标准规定，对建筑以及材料、构件和建筑安装物进行一般鉴定、检查所发生的费用，包括自设试验室进行试验所耗用的材料等费用。不包括新结构、新材料的试验费，对构件做破坏性试验及其他特殊要求检验试验的费用和建设单位委托检测机构进行检测的费用，对此类检测发生的费用，由建设单位在工程建设其他费用中列支。但对施工企业提供的具有合格证明的材料进行检测不合格的，该检测费用由施工企业支付。当采用一般计税方法时，检验试验费中增值税进项税额以现代服务业适用的税率6%扣减。

（9）工会经费，是指企业按《工会法》规定的全部职工工资总额比例计提的工会经费。

（10）职工教育经费，是指按职工工资总额的规定比例计提，企业为职工进行专业技术和职业技能培训，专业技术人员继续教育、职工职业技能鉴定、职业资格认定以及根据需要对职工进行各类文化教育所发生的费用。

（11）财产保险费，是指施工管理用财产、车辆等的保险费用。

（12）财务费，是指企业为施工生产筹集资金或提供预付款担保、履约担保、职工工资支付担保等所发生的各种费用。

（13）税金，是指企业按规定缴纳的房产税、非生产性车船使用税、土地使用税、印花税、城市维护建设税、教育费附加、地方教育附加等各项税费。

（14）其他，包括技术转让费、技术开发费、投标费、业务招待费、绿化费、广告费、公证费、法律顾问费、审计费、咨询费、保险费等。

企业管理费一般采用取费基数乘以费率的方法计算，取费基数有三种，分别是以直接费为计算基础、以人工费和施工机具使用费合计为计算基础及以人工费为计算基础。企业管理费费率计算方法如下：

（1）以直接费为计算基础。

$$\text{企业管理费费率}（\%）=\frac{\text{生产工人年平均管理费}}{\text{年有效施工天数}\times\text{人工单价}}\times\text{人工费占直接费的比例}（\%）$$

（2）以人工费和施工机具使用费合计为计算基础。

$$\text{企业管理费费率}（\%）=\frac{\text{生产工人年平均管理费}}{\text{年有效施工天数}\times（\text{人工单价}+\text{每一台班施工机具使用费}）}\times100\%$$

（3）以人工费为计算基础。

$$\text{企业管理费费率}（\%）=\frac{\text{生产工人年平均管理费}}{\text{年有效施工天数}\times\text{人工单价}}\times100\%$$

三、利润

利润是指施工企业完成所承包工程获得的盈利。

$$\text{利润}=\text{取费基数}\times\text{相应利润率}$$

取费基数可以是人工费，也可以是直接费，或者是直接费+间接费。

四、增值税

税金是指国家税法规定的应计入建筑安装工程造价内的增值税、城市维护建设税及教育费附加等。

五、其他费用

（1）人工费价差是指在施工合同中约定或施工实施期间省建设行政主管部门发布的人工单价与费用定额规定标准的差价。

（2）材料费价差是指在施工实施期间材料实际价格（或信息价格、价差数）与计价定额中材料价格的差价。

（3）机械费价差是指在施工实施期间省建设行政主管部门发布的机械费价格与计价定额中机械费价格的差价。

（4）暂列金额是指发包人暂定并包括在合同价款中的一笔款项，用于施工合同签订时尚未确定或者不可预见的所需材料、设备、服务的采购，施工中可能发生的工程变更、合同约定调整因素出现时的工程价款调整以及发生的索赔、现场签证确认等的费用。

（5）暂估价是指发包人提供的用于支付必然发生但暂时不能确定价格的材料单价以及专业工程的金额。

（6）计日工是指承包人在施工过程中，完成发包人提出的施工图纸以外的零星项目或工作所需的费用。

（7）总承包服务费是指总承包人为配合协调发包人进行的工程分包、自行采购的设备、材料等进行管理、服务（如分包人使用总包人的脚手架、垂直运输、临时设施、水电接驳等），以及施工现场管理、竣工资料汇总整理等服务所需的费用。

第三节　园林工程预算的作用、编制的基本程序

一、园林工程预算的作用

从某种意义上说，园林产品属于艺术范畴，它不同于一般的工业、民用建筑，每项工程特色不同，风格各异，施工工艺要求不尽相同，而且项目零星、地点分散、工程量大小不一、工作面大、项目繁多、形式各异，同时还受气候影响。因此园林绿化产品不可能确定一个价格，必须根据设计图纸和技术经济指标，对园林工程事先从经济上加以计算。园林工程预算有以下作用：

（1）园林工程预算是园林建设程序的必要工作。园林建设工程，作为基本建设项目中的一个类别，其项目的实施，必须遵循建设程序。编制园林工程预算，是园林建设程序中的重要工作内容。园林工程预算书，是园林建设中重要的经济文件，具体如下：

1）优选方案。园林工程预算是园林工程规划设计方案、施工方案等的技术经济评价的基础。园林建设中规划设计或施工方案（施工组织计划、施工技术操作方案）的确定，通常要在多个方案中进行比较、选择。园林工程预算，一方面通过事先计算，获得各个方案的技术经济参数，作为方案比较的重要内容；另一方面可确定技术经济指标，作为进行方案比较的基础或前提。有关方面据此来优选方案。因此说，编制园林工程预算是园林建设管理中进行方案比较、评估、选择的基本的工作内容。

2）园林建设管理的依据。园林工程预算书是园林建设过程中必不可少的技术经济文件。

在园林建设的不同建设阶段或相应的环节中，根据有关规定，一般有估算、概算、预算等经济技术文件；在项目施工完成后又有结算；竣工后，则有决算（此即为业内所称之为的"园林工程预决算"；估算、预算、后期养护管理预算等则通常被统称为"园林工程预算。"）。

（2）便于园林企业经济管理。园林预算是企业进行成本核算、定额管理等的重要参照依据。

企业参加市场经济运作，制定技术经济政策，参加投标（或接受委托），进行园林项目施工，制定项目生产计划，进行技术经济管理都必须进行园林预算的工作。

（3）制定技术政策的依据。技术政策是国家在一个时期对某个领域技术发展和经济建设进行宏观管理的重要依据。通过工程预算，事先计算出园林施工技术方案的经济效益，能对技术方案的采用、推广或者限制、修改提供具体的技术经济参数，相关管理部门可据此制定技术政策。

二、园林工程预算编制的基本程序

（1）搜集各种编制依据资料。

编制预算之前，要搜集齐下列资料：

施工图设计图纸、施工组织设计、预算定额、施工管理费和各项取费定额、材料预算价格表、地方预决算资料、预算调价文件和地方有关技术经济资料等。

（2）熟悉施工图纸和施工说明书，参加技术交底，解决疑难问题。

设计图纸和施工说明是编制工程预算的重要基础资料。它为选择套用定额子目、取定尺寸和计算各项工程量提供重要的依据，因此，在编制预算之前，必须对设计图纸和施工说明书进行全面细致的熟悉和审查，并参加技术交底，共同解决施工图纸和施工图中的疑难问题，从而掌握及了解设计意图和工程全貌，以免在选用定额子目和工程量计算上发生错误。

（3）熟悉施工组织设计和了解现场情况。

施工组织设计是由施工单位根据工程特点、施工现场的实际情况等各种有关条件编制的，它是编制预算的依据。所以，必须完全熟悉施工组织设计的全部内容，并深入现场了解现场实际情况是否与设计一致才能准确编制预算。

（4）学习并掌握好工程预算定额及其有关规定。

为了提高工程预算的编制水平，正确地运用预算定额及其有关规定，必须熟悉现行预算定额的全部内容，了解和掌握定额子目的工程内容、施工方法、材料规格、质量要求、计量单位、工程量计算规则等，以便能熟练地查找和正确地应用。

（5）确定工程项目、计算工程量。

工程项目的划分及工程量计算，必须根据设计图纸和施工说明书提供的工程构造、设计尺寸和做法要求，结合施工现场的施工条件，按照预算定额的项目划分，工程量的计算规则和计算单位的规定，对每个分项工程的工程量进行具体计算。它是工程预算编制工作中最繁重、细致的重要环节，工程量计算的正确与否直接影响预算的编制质量和速度。

1）确定工程项目。在熟悉施工图纸及施工组织设计的基础上要严格按定额的项目确定工程项目，为了防止丢项、漏项的现象发生，在编排项目时应首先将工程分为若干分部工程。如基础工程、主体工程、门窗工程、园林建筑小品工程、水景工程、绿化工程等。

2）计算工程量。正确地计算工程量，对基本建设计划，统计施工作业计划工作，合理安排施工进度，组织劳动力和物资的供应都是不可缺少的，同时也是进行基本建设财务管理与会计核算的重要依据，所以工程量计算不单纯是技术计算工作，它对工程建设效益分析具有重要作用。在计算工程量时应注意以下几点：

①在根据施工图纸和预算定额确定工程项目的基础上，必须严格按照定额规定和工程量计算规则，以施工图所注位置与尺寸为依据进行计算，不能人为地加大或缩小构件尺寸。

②计算单位必须与定额中的计算单位一致，才能准确地套用预算定额中的预算单价。

③取定的建筑尺寸和苗木规格要准确，而且要便于核对。

④计算底稿要整齐、数字清楚，数值要准确，切忌草率零乱、辨认不清。对数字精确度的要求，工程量算至小数点后两位，钢材、木材及使用贵重材料的项目可算至小数点后三位，余数四舍五入。

⑤要按照一定的计算顺序计算，为了便于计算和审核工程量，防止遗漏或重复计算，计算工程量时除了按照定额项目的顺序进行计算外，也可以采用先外后内或先横后竖等不同的计算顺序。

⑥利用基数，连续计算。有些"线"和"面"是计算许多分项工程的基数，在整个工程量计算中要反复多次地进行运算，在运算中找出共性因素，再根据预算定额分项工程量的有

关规定，找出计算过程中各分项工程量的内在联系，就可以把烦琐工程进行简化，从而迅速准确地完成大量计算工作。

（6）编制工程预算书。

1）确定单位预算价值。填写预算单位时要严格按照预算定额中的子目及有关规定进行，使用单价要正确，每一分项工程的定额编号，工程项目名称、规格、计量单位、单价均应与定额要求相符，要防止错套，以免影响预算的质量。

2）计算工程直接费。单位工程直接费是各个分部分项工程直接费的总和，分项工程直接费则是用分项工程量乘以预算定额工程预算单价而求得的。

3）计算其他各项费用。单位工程直接费计算完毕，即可计算其他直接费、间接费、计划利润、税金等费用。

4）计算工程预算总造价。汇总工程直接费、其他直接费、间接费、计划利润、税金等费用，最后即可求得工程预算总造价。

5）校核。工程预算编制完毕后，应由相关人员对预算的各项内容进行逐项全面核对，消除差错，保证工程预算的准确性。

6）编写编制说明。编写"工程预算书的编制说明"，填写工程预算书的封面，装订成册。编制说明一般包括以下内容：

①工程概况通常要写明工程编号、工程名称、建设规模等。

②编制依据编制预算时所采用的图纸名称、标准图集、材料做法以及设计变更文件；采用的预算定额、材料预算价格及各种费用定额等资料。

③其他有关说明是指在预算表中无法表示且需要用文字做补充说明的内容。工程预算书封面通常需填写的内容有：工程编号、工程名称、建设单位名称、施工单位名称、建设规模、工程预算造价、编制单位及日期等。

（7）工料分析。

工料分析是在编写预算时，根据分部、分项工程项目的数量和相应定额中的项目所列的用工及用料的数量，算出各工程项目所需的人工及用料数量，然后进行统计汇总，计算出整个工程的工料所需数量。

（8）复核、签章及审批。

工程预算编制出来以后，由本企业的有关人员对所编制预算的主要内容及计算情况进行一次全面的核查核对，以便及时发现可能出现的差错并及时进行纠正，提高工程预算的准确性，审核无误后并按规定上报，经上级机关批准后再送交建设单位和建设银行进行审批。

第四节　园林工程预算书（定额计价投标报价编制表）

一套完整的园林工程预算的编制包括封面、编写说明、工程项目投标报价汇总表、单项工程投标报价汇总表、单位工程投标报价汇总表、分部分项工程投标报价表、定额措施项目投标报价表、通用措施项目报价表、其他项目报价表、暂列金额明细表、材料暂估单价明细表、专业工程暂估价明细表、总承包服务费报价明细表、安全文明施工费报价表、规费和税金报价表、主要材料价格报价表、主要材料用量统计表等内容。

一、封面

园林工程预算封面主要包括工程名称、工程造价（大写、小写）、招标人、咨询人、编制人、复核人、编制时间、复核时间等，见表 2-1。

表 2-1　　　　　　　　　　　　　　封面格式表

＿＿＿＿＿＿＿＿工程
工程造价
招 标 人：＿＿＿＿＿＿＿　　　　　　咨 询 人：＿＿＿＿＿＿＿
（单位盖章）　　　　　　　　　　　（单位资质专用章）
法定代表人　　　　　　　　　　　　　法定代表人
或其授权人：＿＿＿＿＿＿＿＿　　　或其授权人：＿＿＿＿＿＿＿＿
（签字或盖章）　　　　　　　　　　（签字或盖章）
编 制 人：＿＿＿＿＿＿＿　　　　　　复 核 人：＿＿＿＿＿＿＿
编制时间：　年　月　日　　　　　　复核时间：　年　月　日

二、编制说明

编制说明主要包括工程概况、编制依据、采用定额、工程类别，见表 2-2。

表 2-2　　　　　　　　　　　　　　编制说明

总说明

工程名称：　　　　　　　　　　　　　　　　　　　　　第　页共　页

1. 工程概况
2. 编制依据
3. 采用定额
4. 工程类别

1. 工程概况

应说明本工程的工程性质、工程编号、工程名称、建设规模等工程内容，包括的工程内容有绿化工程、园路工程、花架工程等。

2. 编制依据

主要说明本工程施工图预算编制依据的施工图样、标准图集、材料做法以及设计变更文件。

3. 采用定额

主要说明本工程施工图预算采用的定额。

4. 企业取费类别

主要说明企业取费类别和工程承包的类型。

三、工程项目投标报价汇总表

将各分项工程的工程费用分别填入工程汇总表中，见表2-3。

表2-3　　　工程项目投标报价汇总表

工程名称：　　　　　　　　　　　　　　　　　　　　　　　第　页共　页

序号	单项工程名称	金额（元）	其中		
			暂估价（元）	安全文明施工费（元）	规费（元）
	合计				

四、单项工程投标报价汇总表

单项工程投标报价汇总表见表2-4。

表2-4　　　单项工程投标报价汇总表

工程名称：　　　　　　　　　　　　　　　　　　　　　　　第　页共　页

序号	单项工程名称	金额（元）	其中		
			暂估价（元）	安全文明施工费（元）	规费（元）
	合计				

五、单位工程投标报价汇总表

单位工程投标报价汇总表见表2-5。

表2-5　　　单位工程投标报价汇总表

工程名称：　　　　　　　　　　　　　　　　　　　　　　　第　页共　页

序号	汇总内容	金额（元）	其中：暂估价（元）
1	分部分项工程		
1.1			
1.2			
1.3			
1.4			
1.5			
2	措施项目		—
2.1	其中：安全文明施工费		—
3	其他项目		—

续表

序号	汇总内容	金额（元）	其中：暂估价（元）
3.1	其中：暂列金额		—
3.2	其中：专业工程暂估价		—
3.3	其中：计日工		—
3.4	其中：总包服务费		—
4	规费		—
5	税金		—
招标控制价合计＝1＋2＋3＋4＋5			

六、分部分项工程投标报价表

分部分项工程投标报价表见表2-6。

表2-6　　　　　　　　　　分部分项工程投标报价表

工程名称：　　　　　　　　　　　　　　　　　　　　　　　　　　第　页共　页

序号	定额编号	分部分项工程名称	工程量		价值		其中					
							人工费		材料费		机械费	
			单位	数量	定额基价	总价	单价	金额	单价	金额	单价	金额
1												
2												
3												
	本页小计											
	合计											

七、定额措施项目投标报价表

定额措施项目投标报价表见表2-7。

表2-7　　　　　　　　　　定额措施项目投标报价表

工程名称：　　　　　　　　　　　　　　　　　　　　　　　　　　第　页共　页

序号	定额编号	分部分项工程名称	工程量		价值		其中					
							人工费		材料费		机械费	
			单位	数量	定额基价	总价	单价	金额	单价	金额	单价	金额
1												
2												
3												
	本页小计											
	合计											

八、通用措施项目报价表

通用措施项目报价表见表2-8。

表 2-8 通用措施项目报价表

工程名称： 第 页共 页

序号	项目名称	计价基础	费率（%）	金额
1	夜间施工费			
2	二次搬运费			
3	已完工程及设备保护费			
4	工程定位、复测、交点、清理费			
5	生产工具用具使用费			
6	雨季施工费			
7	冬季施工费			
8	检验施工费			
9	室内空气污染测试费			
10	地上、地下设施、建筑物的临时保护设施费			
	合计			

九、其他项目报价表

其他项目报价表见表 2-9。

表 2-9 其他项目报价表

工程名称： 第 页共 页

序号	项目名称	计量单位	金额	备注
1	暂列金额			
2	暂估价			
2.1	材料暂估价			
2.2	专业工程暂估价			
3	总承包服务费			
	合计			

十、暂列金额明细表

暂列金额明细表见表 2-10。

表 2-10 暂列金额明细表

工程名称： 第 页共 页

序号	项目名称	计量单位	暂定金额	备注
1				
2				
3				
	合计			

十一、材料暂估单价明细表

材料暂估单价明细表见表 2-11。

表 2 - 11 　　　　　　　　　　　　　材料暂估单价明细表

工程名称：　　　　　　　　　　　　　　　　　　　　　　　　　第　页共　页

序号	材料名称、规格、型号	计量单位	单价（元）	备注
1				
2				
3				

十二、专业工程暂估价明细表

专业工程暂估价明细表见表 2 - 12。

表 2 - 12 　　　　　　　　　　　　专业工程暂估价明细表

工程名称：　　　　　　　　　　　　　　　　　　　　　　　　　第　页共　页

序号	工程名称	工程内容	金额（元）	备注
1				
2				
3				
合计				

十三、总承包服务费报价明细表

总承包服务费报价明细表见表 2 - 13。

表 2 - 13 　　　　　　　　　　　　总承包服务费报价明细表

工程名称：　　　　　　　　　　　　　　　　　　　　　　　　　第　页共　页

序号	项目名称	项目价值	计费基础	服务内容	费率（%）	金额（元）
1	发包人供应材料		供应材料费用			
2	发包人采购设备		设备安装费用			
3	发包人发包专业工程		专业工程费用			
合计						

十四、安全文明施工费报价表

安全文明施工费报价表见表 2 - 14。

表 2 - 14 　　　　　　　　　　　　安全文明施工费报价表

工程名称：　　　　　　　　　　　　　　　　　　　　　　　　　第　页共　页

序号	项目名称	计价基础	金额（元）
1	环境保护等五项费用		
2	脚手架费		
合计			

十五、规费、税金报价表

规费、税金报价表见表 2 - 15。

表 2 - 15　　　　　　　　　　　　　规费、税金报价表

工程名称：　　　　　　　　　　　　　　　　　　　　　　　　　　　　　第　页共　页

序号	项目名称	计算基础	计算基数	计算费率（%）	金额（元）
1	规费	定额人工费			
1.1	社会保险费	定额人工费			
(1)	养老保险费	定额人工费			
(2)	失业保险费	定额人工费			
(3)	医疗保险费	定额人工费			
(4)	工伤保险费	定额人工费			
(5)	生育保险费	定额人工费			
1.2	住房公积金	定额人工费			
1.3	工程排污费	按工程所在地环境保护部门收取标准、按实计入			
2	税金（增值税）	人工费＋材料费＋施工机具使用费＋企业管理费＋利润＋规费			
	合计				

十六、主要材料价格报价表

主要材料价格报价表见表 2 - 16。

表 2 - 16　　　　　　　　　　　主要材料价格报价表

工程名称：　　　　　　　　　　　　　　　　　　　　　　　　　　　　　第　页共　页

序号	材料编码	材料名称	规格、型号等特殊要求	单位	单价（元）
1					
2					
3					

十七、主要材料用量统计表

主要材料用量统计表见表 2 - 17。

表 2 - 17　　　　　　　　　　　主要材料用量统计表

序号	材料编码	材料名称	规格、型号等特殊要求	单位	数量	单价（元）	合计	备注
								供货商地址
								联系电话

第三章 园林工程预算

第一节 园林工程工程量清单计价

一、工程计量

（1）工程量计算除依据本规范各项规定外，尚应依据以下文件：

1）经审定通过的施工设计图纸及其说明。

2）经审定通过的施工组织设计或施工方案。

3）经审定通过的其他有关技术经济文件。

（2）工程实施过程中的计量应按照现行国家标准《建设工程工程量清单计价规范》（GB 50500）的相关规定执行。

（3）规范附录中有两个或两个以上计量单位的，应结合拟建工程项目的实际情况，确定其中一个为计量单位。同一工程项目的计量单位应一致。

（4）工程计量时每一项目汇总的有效位数应遵守下列规定：

1）以"t"为单位，应保留小数点后三位数字，第四位小数四舍五入。

2）以"m""m²""m³"为单位，应保留小数点后两位数字，第三位小数四舍五入。

3）以"株""丛""缸""套""个""支""只""块""根""座"等为单位，应取整数。

（5）规范各项目仅列出了主要工作内容，除另有规定和说明外，应视为已经包括完成该项目所列或未列的全部工作内容。

（6）园林绿化工程（另有规定者除外）涉及普通公共建筑物等工程的项目以及垂直运输机械、大型机械设备进出场及安拆等项目，按现行国家标准《房屋建筑与装饰工程工程量计算规范》（GB 50854）的相应项目执行；涉及仿古建筑工程的项目，按现行国家标准《仿古建筑工程工程量计算规范》（GB 50855）的相应项目执行；涉及电气、给排水等安装工程的项目，按照现行国家标准《通用安装工程工程量计算规范》（GB 50856）的相应项目执行；涉及市政道路、路灯等市政工程项目，按现行国家标准《市政工程工程量计算规范》（GB 50857）的相应项目执行。

二、工程量清单编制

1. 一般规定

（1）编制工程量清单应依据。

1）本规范和现行国家标准《建设工程工程量清单计价规范》（GB 50500）。

2）国家或省级、行业建设主管部门颁发的计价依据和办法。

3）建设工程设计文件。

4）与建设工程项目有关的标准、规范、技术资料。

5）拟定的招标文件。

6）施工现场情况、工程特点及常规施工方案。其他相关资料。

（2）其他项目、规费和税金项目清单应按照现行国家标准《建设工程工程量清单计价规范》（GB 50500）的相关规定编制。

（3）编制工程量清单出现附录中未包括的项目，编制人应做补充，并报省级或行业工程造价管理机构备案，省级或行业工程造价管理机构应汇总报住房和城乡建设部标准定额研究所。

补充项目的编码由代码 05 与 B 和三位阿拉伯数字组成，并应从 05B001 起顺序编制，同一招标工程的项目不得重码。

补充的工程量清单需附有补充项目的名称、项目特征、计量单位、工程量计算规则、工作内容。不能计量的措施项目，需附有补充项目的名称、工作内容及包含范围。

2. 分部分项工程

（1）工程量清单应根据附录规定的项目编码、项目名称、项目特征、计量单位和工程量计算规则进行编制。

（2）工程量清单的项目编码，应采用十二位阿拉伯数字表示，一至九位应按附录的规定设置，十至十二位应根据拟建工程的工程量清单项目名称和项目特征设置。同一招标工程的项目编码不得有重码。

（3）工程量清单的项目名称应按规范附录的项目名称结合拟建工程的实际确定。

（4）工程量清单项目特征应按附录中规定的项目特征，结合拟建工程项目的实际予以描述。

（5）工程量清单中所列工程量应按规定的工程量计算规则计算。

（6）工程量清单的计量单位应按规定的计量单位确定。

（7）规范现浇混凝土工程项目在"工作内容"中包括模板工程的内容，同时又在"措施项目"中单列了现浇混凝土模板工程项目。对此，由招标人根据工程实际情况选用，若招标人在措施项目清单中未编列现浇混凝土模板项目清单，即表示现浇混凝土模板项目不单列，现浇混凝土工程项目的综合单价中应包括模板工程费用。

（8）规范对预制混凝土构件按现场制作编制项目，"工作内容"中包括模板工程，不再另列。若采用成品预制混凝土构件时，构件成品价（包括模板、钢筋、混凝土等所有费用）应计入综合单价中。

3. 措施项目

（1）措施项目中列出了项目编码、项目名称、项目特征、计量单位、工程量计算规则的项目，编制工程量清单时，应按照规定执行。

（2）措施项目中仅列出项目编码、项目名称，未列出项目特征、计量单位和工程量计算规则的项目，编制工程量清单时，应按项目编码、项目名称确定。

第二节　园林工程预算计价

一、设备购置费的组成及其计算方法

1. 设备购置费

（1）概念。

设备购置费，是指为建设项目自制的或购置达到固定资产标准的各种国产或进口设备的

购置费用。它由设备原价和设备运杂费构成。

（2）计算方法。

设备购置费＝设备原价＋设备运杂费

其中，设备原价是指国产设备或进口设备的原价；运杂费是指设备原价之外的关于设备采购、运输、途中包装及仓库保管等方面支出费用的总和。

2. 国产设备原价

（1）国产设备原价的概念。

国产设备原价，一般是指设备制造厂的交货价或订货合同价。它一般根据生产厂或供应商的询价、报价、合同价确定，或采用一定的方法计算确定。国产设备原价分为国产标准设备原价和国产非标准设备原价。

（2）国产标准设备。

1）种类。国产标准设备原价有两种，即带有备件的原价和不带有备件的原价。

2）计算方法。在计算时，一般采用带有备件的出厂价确定原价

（3）国产非标准设备。

1）计算方法。国产非标准设备原价有多种不同的计算方法，如成本计算估价法、系列设备插入估价法、分部组合估价法、定额估价法等。但无论采取哪种方法都应该使非标准设备计价接近实际出厂价。按成本计算估价法，非标准设备的原价由材料费、加工费、辅助材料费、专用工具费、废品损失费、外购配套件费、包装费、利润、税金、非标准设备设计费等费用组成。

2）计算公式。

单台非标准设备原价＝｛［（材料费＋加工费＋辅助材料费）×（1＋专用工具费费率）×（1＋废品损失率）＋外购配套件费］×（1＋包装费费率）－外购配套件费｝×（1＋利润率）＋增值税销项税＋非标准设备设计费＋外购配套件费

3. 进口设备原价

（1）概念。

进口设备原价是指进口设备的到岸价格，即进口设备抵达买方边境港口或边境车站，且缴纳完关税等税费之后的价格。

（2）计算方法。

进口设备采用最多的是装运港交货方式，即卖方在出口国装运交货，主要有装运港船上交货价，习惯称离岸价格（FOB）；运费在内价（CFR）及运费、保险费在内价（CIF），习惯称到岸价格。装运港船上交货价（FOB）是我国进口设备采用最多的一种货价。

（3）计算公式。

进口设备到岸价＝货价＋国外运费＋运输保险费＋银行财务费＋外贸手续费＋关税＋增值税＋消费税＋海关监管手续费＋车辆购置税

4. 设备运杂费

（1）运费和装卸费。

国产设备由设备制造厂交货地点起至工地仓库（或施工组织设计指定的需要安装设备的堆放地点）止所发生的运费和装卸费；进口设备则由我国到岸港口或边境车站起至工地仓库（或施工组织设计指定的需安装设备的堆放地点）止所发生的运费和装卸费。

（2）包装费。

在设备原价中没有包含的，为运输而进行的包装所支出的各种费用。

（3）设备供销部门手续费。

按有关部门规定的统一费率计算。

（4）采购与仓库保管费。

采购与仓库保管费是指采购、验收、保管和收发设备所发生的各种费用，包括设备采购人员、保管人员和管理人员的工资、工资附加费、办公费、差旅交通费，设备供应部门办公和仓库所占固定资产使用费、工具用具使用费、劳动保护费、检验试验费等。这些费用应按有关部门规定的采购与保管费费率计算。

二、园林工程施工图预算费用的计算方法

园林工程施工图预算费用的计算方法见表3-1。

表3-1   **园林工程施工图预算费用的计算方法**

序号	费用		计算
1	直接费的计取	直接费	直接费＝直接工程费＋措施费
		直接工程费	直接工程费＝人工费＋材料费＋施工机械使用费
		人工费	人工费＝∑（分项工程工日消耗量×日工资综合单价）
		材料费	材料费＝∑（分项工程材料消耗量×材料预算单价）＋检验试验费
		施工机械使用费	施工机械使用费＝∑（分项工程施工机械台班消耗量×机械台班单价）
		措施费技术措施费	措施费＝技术措施费＋其他措施费
		临时设施费	技术措施费＝人工费＋材料费＋施工机械使用费
		环境保护费	临时设施费＝计费基数×费率（％）
		文明施工费	环境保护费＝计费基数×费率（％）
		安全施工费	文明施工费＝计费基数×费率（％）
		夜间施工增加费	安全施工费＝计费基数×费率（％）
		夜间施工增加费	夜间施工增加费＝（1－合同工期/定额工期）×（直接工程费中的人工费/平均日工资单价）×每工日夜间施工费开支
		二次搬运费	由于施工现场狭小等原因必须发生二次搬运费，以现场签证为准，按实计算
		已完工程及设备保护费	按施工组织设计中确定的保护措施计算。包括成品保护所需的人工费、材料费、机械费等相关费用
2	间接费的计取	间接费	间接费＝规费＋企业管理费
		规费	规费＝计费基数×费率（％）
		企业管理费	企业管理费＝计费基数×费率（％）
3	利润的计取	利润	利润＝计费基数×费率（％）
4	税金的计取	税金	税金＝（直接费＋间接费＋利润）×税率（％）

三、以直接费为基础的工料单价法计价程序

以直接费为基础的工料单价法计价程序见表3-2。

表3-2   以直接费为基础的工料单价法计价程序

序号	费用项目	计算方法	备注
A	直接工程费	按预算表	
B	措施费	按规定标准计算	
C	小计	A+B	
D	间接费	C×相应费率	
E	利润	(C+D)×相应利润率	
F	合计	C+D+E	
G	含税造价	F×(1+相应税率)	

四、以人工费和机械费为基础的工料单价法计价程序

以人工费和机械费为基础的工料单价法计价程序见表3-3。

表3-3   以人工费和机械费为基础的工料单价法计价程序

序号	费用项目	计算方法	备注
A	直接工程费	按预算表	
B	其中人工费和机械费	按预算表	
C	措施费	按规定标准计算	
D	其中人工费和机械费	按规定标准计算	
E	小计	A+C	
F	人工费和机械费小计	B+D	
G	间接费	F×相应费率	
H	利润	F×相应利润率	
I	合计	E+G+H	
J	含税造价	I×(1+相应税率)	

五、以人工费为基础的工料单价法的计价程序

以人工费为基础的工料单价法的计价程序见表3-4。

表3-4   以人工费为基础的工料单价法的计价程序

序号	费用项目	计算方法	备注
A	直接工程费	按预算表	
B	直接工程费中人工费	按预算表	
C	措施费	按规定标准计算	
D	措施费中人工费	按规定标准计算	
E	小计	A+C	
F	人工费小计	B+D	
G	间接费	F×相应费率	
H	利润	F×相应利润率	
I	合计	E+G+H	
J	含税造价	I×(1+相应税率)	

六、以直接费为基础的综合单价法计价程序

以直接费为基础的综合单价法计价程序见表 3 - 5。

表 3 - 5　　　　　　　　以直接费为基础的综合单价法计价程序

序号	费用项目	计算方法	备注
A	分项直接工程费	人工费＋材料费＋机械费	
B	间接费	A×相应费率	
C	利润	(A ＋B) ×相应费率	
D	合计	A＋B＋C	
E	含税造价	D×（1＋相应税率）	

七、以人工费和机械费为基础的综合单价计价程序

以人工费和机械费为基础的综合单价计价程序见表 3 - 6。

表 3 - 6　　　　　　　以人工费和机械费为基础的综合单价计价程序

序号	费用项目	计算方法	备注
A	分项直接工程费	人工费＋材料费＋机械费	
B	直接工程费中人工费	人工费＋机械费	
C	间接费	B×相应费率	
D	利润	B×相应利润率	
E	合计	A＋C＋D	
F	含税造价	E×（1＋相应税率）	

八、以人工费为基础的综合单价计价程序

以人工费为基础的综合单价计价程序见表 3 - 7。

表 3 - 7　　　　　　　　以人工费为基础的综合单价计价程序

序号	费用项目	计算方法	备注
A	分项直接工程费	人工费＋材料费＋机械费	
B	直接工程费中人工费	人工费	
C	间接费	B×相应费率	
D	利润	B×相应利润率	
E	合计	A＋C＋D	
F	含税造价	E×（1＋相应税率）	

第三节　工　程　定　额

一、工程定额的概念

在园林工程施工生产过程中，为完成某项工程某项结构构件，都必须消耗一定数量的劳动力、材料和机具。在社会平均的生产条件下，用科学的方法和实践经验相结合，制定为生

产质量合格的单位工程产品所必需的人工、材料、机械、资金消耗的数量标准，就称为工程定额。这种额度反映的是在一定的社会生产力发展水平的条件下，完成园林工程建设中的某项产品与各种生产消费之间的特定的数量关系，体现在正常施工条件下人工、材料、机械等消耗的社会平均合理水平。工程定额除了规定有数量标准外，也要规定出它的工作内容、质量标准、生产方法、安全要求和适用的范围等。对各种工程进行计价，就是以各种定额为依据。随着社会市场经济的发展，定额由政府指令性的职能逐步改变成指导性功能，现在定额的名称多称为"计价依据"或"综合基价"。

二、工程定额的性质

1. 科学性

工程建设定额的科学性，第一表现在用科学的态度制定定额，充分考虑客观的施工生产和管理等方面的条件，尊重客观事实，力求定额水平合理；第二表现在定额的内容、范围、体系和水平上，要适应社会生产力的发展水平，反映出工程建设中的生产消费、价值等客观经济规律；第三表现在制定定额的基本方法、手段上，充分利用了现代管理科学的理论，通过严密的测定、分析，形成一套系统、完整、在实践中行之有效的方法；第四表现在定额的制定、颁布、执行、控制、调整等管理环节上，制定为执行和控制提供依据，而执行和控制为实现定额的目标提供组织保证，为定额的制定提供各种反馈信息。

2. 系统性

工程建设定额是相对独立的系统，它是由多种定额结合而成的有机整体。它的结构复杂，有鲜明的层次，有明确的目标。

工程建设定额的系统性是由工程建设的特点决定的。工程建设是庞大的实体系统，从整个国民经济来看，进行固定资产生产和再生产的工程建设，是一个有多项工程集合的整体。其中包括农林水利、轻纺、煤炭、电力、石油、冶金、化工、建材工业、交通运输、邮电工程，以及商业物资、文教卫生体育、住宅工程等。工程建设定额是为这个实体系统服务的。工程建设本身的多种类、多层次就决定了以它为服务对象的工程建设定额的多种类、多层次。

3. 法令性与权威性

我国的各类定额都是国家建筑行政主管部门或其授权部门遵循一定科学程序组织编制和颁发的，是在一定范围内有效地统一施工生产的消费指标。它同工程建设中的其他规范、规程一样具有法的性质，具有很大权威性，反映统一的意志和统一的要求。因此，任何单位都必须严格遵照执行，不得随意改变定额的内容和水平，如需进行调整、修改和补充，必须经定额主管部门批准。只有这样，才能维护定额的权威性，发挥定额在工程建设管理中的作用。

4. 稳定性与时效性

工程建设定额水平是一定时期技术发展和社会生产力水平的反映，在一段时间里，定额水平是相对稳定的。保持定额的相对稳定性是维护定额的权威性和有效贯彻执行定额所必需的。如果定额处于经常修改变动的状态，势必造成执行中的困难和混乱，使人们对定额的科学性、先进合理性和权威性产生怀疑，不认真对待定额，很容易导致定额权威性的丧失。工程定额的不稳定也会给定额的编制工作带来极大的困难。

工程建设定额的稳定性是相对的。当生产力向前发展了，定额会与已经发展的生产力不相适应。这样，它原有的作用就会逐步减弱以至消失，需要重新编制或修订，以保持定额水平的先进合理性。

5. 地域性

我国幅员辽阔，地域复杂，各地的自然资源条件和社会经济条件差异悬殊，因而必须采用不同的定额。

三、园林工程定额的分类

在园林工程建设过程中，由于使用对象和目的不同，园林工程定额的分类方法很多。一般情况下，根据内容、用途和使用范围的不同，可将其分为以下几类：

1. 按定额反映的生产要素分类

（1）劳动消耗定额。

劳动消耗定额简称劳动定额，是指在合理的劳动组合条件下，工人以社会平均熟练程度和劳动强度在单位时间内生产合格产品的数量。劳动定额大多采用工作时间消耗量来计算劳动消耗的数量，所以劳动定额主要表现形式是时间定额和产量定额，时间定额和产量定额互为倒数。

（2）材料消耗定额。

材料消耗定额是指在合理的施工条件下，生产质量合格的单位产品所必须消耗的材料数量标准，包括净用在产品中的数量，也包括在施工过程中发生的合理的损耗量。

（3）机械台班使用定额。

机械台班使用定额是指在合理的人机组合条件下，完成一定合格产品所规定的施工机械消耗的数量标准。机械消耗定额的主要表现形式是机械时间定额，也以产量定额表现。劳动定额、材料消耗定额和机械台班使用定额的制定应能最大限度地反映社会平均必须消耗的水平，它是制定各种实用性定额的基础，因此也称为基础定额。

2. 按编制程序和用途分类

按编制程序和用途可分为五种：工序定额、施工定额、预算定额、概算定额及概算指标等五种。

（1）工序定额。

工序定额是以最基本的施工过程为标定对象，表示其产品数量与时间消耗关系的定额。工序定额比较细，一般主要在制定施工定额时作为原始资料。

（2）施工定额。

施工定额主要用于编制施工预算，是施工企业管理基础。施工定额由劳动定额、材料消耗定额和机械台班使用定额三部分组成。

（3）预算定额。

预算定额主要用于编制施工图预算，是确定一定计量单位的分项工程或结构构件的人工、材料、机械台班耗用量及其资金消耗的数量标准。

（4）概算定额。

概算定额即扩大结构定额，主要用于编制设计概算，是确定一定计量单位的扩大分项工程或结构构件的人工、材料、机械台班耗用量及其资金消耗的数量标准。

（5）概算指标。

概算指标主要用于投资估算或编制设计概算，是以每个建筑物或构筑物为对象，规定人工、材料、机械台班耗用量及其资金消耗的数量标准。

3. 按编制单位和执行范围分类

按编制单位和执行范围分类时，可分为全国统一定额、部门统一定额、地区统一定额及企业定额。

（1）全国统一定额。

全国统一定额由国家建设行政主管部门组织制定、颁发的定额，不分地区，全国适用。

（2）部门统一定额。

部门统一定额由中央各部委根据本部门专业性质不同的特点，参照全国统一定额的制定水平，编制出适合本部门工程技术特点以及施工生产和管理水平的一种定额，称为部门定额。在其行业内，全国通用，如水利工程定额。

（3）地区统一定额。

地区统一定额由各省、自治区、直辖市建设行政主管部门结合本地区经济发展水平和特点，在全国统一定额水平的基础上对定额项目做适当调整补充而成的一种定额，在本地区范围内执行。也称单位估价表。

（4）企业定额。

企业定额是由施工企业考虑本企业具体情况，参照国家、部门或地区定额水平制定的定额。企业定额只在企业内部使用，是企业素质的一个标志。企业定额一般应高于国家现行定额，才能满足生产技术发展、企业管理和市场竞争的需要。

4. 按专业不同分类

按专业性质不同划分，可分为建筑工程定额、安装工程定额、装饰装修工程定额、市政及园林绿化工程定额等。

第四节　园林工程施工预算定额

一、预算定额概念

预算定额是指在正常施工条件下，完成一定计量单位的合格的分项工程或结构构件所需的活劳动与物化劳动的数量标准。预算定额是由国家主管机关或被授权单位组织编制并颁发的一种法令性指标。编制预算定额的目的在于确定工程中每一个单位分项工程的预算基价，其活劳动与物化劳动的消耗指标体现了社会平均先进水平。预算定额是一种综合性定额，既考虑了施工定额中未包含的多种因素，又包括完成该分项工程或结构构件的全部工序的内容。

二、预算定额的种类

1. 按专业性质分

预算定额，有建筑工程定额和安装工程定额两大类。建筑工程预算按适用对象又分为建筑工程预算定额、水利建筑工程预算定额、市政工程预算定额、铁路工程预算定额、公路工程预算定额、土地开发整理项目预算定额、通信建设工程费用定额、房屋修缮工程预算定额、矿山井巷预算定额等。安装工程预算定额按适用对象又分为电气设备安装工程预算定额、机械设备安装工程预算定额、通信设备安装工程预算定额、化学工业设备安装工程预算定额、工业管道安装工程预算定额、工艺金属结构安装工程预算定额、热力设备安装工程预算定额等。

2. 从管理权限和执行范围分

预算定额可分为全国统一定额、行业统一定额和地区统一定额等。全国统一定额由国务院建设行政主管部门组织制定发布；行业统一定额由国务院行业主管部门制定发布；地区统一定额由省、自治区、直辖市建设行政主管部门制定发布。

3. 预算定额按物资要素区分

劳动定额、材料消耗定额和机械定额，但它们互相依存形成一个整体，作为预算定额的组成部分，各自不具有独立性。

三、预算定额的作用

（1）预算定额是编制地区单位估价表的依据，是编制建筑安装工程施工图预算和确定工程造价的依据。建筑工程预算中的每一分项工程或构配件的费用，都是按施工图计算的工程量乘以相应的单位估价表的预算单价进行计算的；单位估价表的预算价格，则是根据预算定额规定的人工、材料、机械台班数量和地区工资标准、材料预算价格及机械台班预算价格等进行编制。

（2）预算定额是编制施工组织设计时，确定劳动力、建筑材料、成品、半成品和建筑机械需要量的依据。

（3）预算定额是工程结算的依据。工程结算是建设单位和施工单位按照工程进度对已完成的分部分项工程实现货币支付的行为。按进度支付工程款，需要根据预算定额将已完成分项工程的造价算出。

（4）预算定额是施工单位进行经济活动分析的依据。

（5）预算定额是编制概算定额的基础。概算定额是在预算定额的基础上经综合扩大编制的。

（6）预算定额是合理编制招标标底、投标报价的基础。

四、预算定额项目的编制形式

预算定额手册根据园林结构及施工程序等按照章、节、项目、子目等顺序排列。分部工程为章，它是将单位工程中某些性质相近、材料大致相同的施工对象归纳在一起。如全国2004年仿古建筑及园林工程预算定额（第一册通用项目）共分六章，即第一章土石方、打桩、围堰，基础垫层工程；第二章砌筑工程；第三章混凝土及钢筋混凝土工程；第四章木作工程；第五章楼地面工程；第六章抹灰工程。第四册《园林工程》共分四章，即第一章园林工程；第二章堆砌假山及塑假山工程；第三章园路及园桥工程；第四章园林小品工程。

"章"以下，又按工程性质、工程内容及施工方法、使用材料、分成许多节。如黑龙江省园林绿化工程计价定额（2010年），共分三章：第一章 绿化工程、第二章 园路、园桥、假山工程、第三章园林景观工程。"节"以下，再按工程性质、规格、材料类别等分成若干项目。在项目中，还可以按结构的规格再细分出许多子目。

为了查阅使用定额方便，定额的章、节、子目都应有统一的编号。章号用中文一、二、三等，或用罗马文Ⅰ、Ⅱ、Ⅲ等，节号、子目号一般用阿拉伯数字1、2、3等表示。

定额编号通常有以下三种形式：

（1）三个符号定额项目编号法，如图3-1所示。

（2）两个符号定额项目编号法，如图3-2所示。

（3）阿拉伯数字连写的定额项目编号法，如图3-3所示。

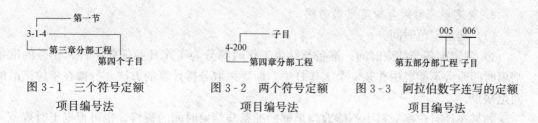

图 3-1 三个符号定额　　　图 3-2 两个符号定额　　　图 3-3 阿拉伯数字连写的定额
　　　项目编号法　　　　　　　项目编号法　　　　　　　项目编号法

第五节　定额消耗量的确定

一、确定人工定额消耗量的基本方法

1. 确定工序作业时间

（1）拟定基本工作时间。

基本工作时间在必需消耗的工作时间中占的比重最大。在确定基本工作时间时，必须细致、精确。基本工作时间消耗一般应根据计时观察资料来确定。其做法是，首先确定工作过程每一组成部分的工时消耗，然后再综合出工作过程的工时消耗。如果组成部分的产品计量单位和工作过程的产品计量单位不符，就需先求出不同计量单位的换算系数，进行产品计量单位的换算，然后再相加，求得工作过程的工时消耗。

1）各组成部分与最终产品单位一致时的基本工作时间计算。此时，单位产品基本工作时间就是施工过程各个组成部分作业时间的总和，计算公式为：

$$T_1 = \sum_{i=1}^{n} t_i$$

式中　T_1——单位产品基本工作时间；

　　　t_i——各组成部分的基本工作时间；

　　　n——各组成部分的个数。

2）各组成部分单位与最终产品单位不一致时的基本工作时间计算。此时，各组成部分基本工作时间应分别乘以相应的换算系数。计算公式为：

$$T_1 = \sum_{i=1}^{n} k_i \times t_i$$

式中　k_i——对应于 t_i 的换算系数

（2）拟订辅助工作时间。

辅助工作时间的确定方法与基本工作时间相同。如果在计时观察时不能取得足够的资料，也可采用工时规范或经验数据来确定。如具有现行的工时规范，可以直接利用工时规范中规定的辅助工作时间的百分比来计算。木作工程各类辅助工作时间的百分率参考见表 3-8。

表 3-8　　　　　　　　　木作工程各类辅助工作时间的百分率参考

工作项目	占工序作业时间（%）	工作项目	占工序作业时间（%）
磨刨刀	12.3	磨线刨	8.3
磨槽刨	5.9	锉锯	8.2
磨凿子	3.4	—	—

2. 确定规范时间与拟定定额时间

（1）确定规范时间。

1）确定准备与结束时间。准备与结束工作时间分为工作日和任务两种。任务的准备与结束时间通常不能集中在某一个工作日中，而要采取分摊计算的方法，分摊在单位产品的时间定额里。

如果在计时观察资料中不能取得足够的准备与结束时间的资料，也可根据工时规范或经验数据来确定。

2）确定不可避免的中断时间。在确定不可避免中断时间的定额时，必须注意由工艺特点所引起的不可避免中断才可列入工作过程的时间定额。

不可避免中断时间也需要根据测时资料通过整理分析获得，也可以根据经验数据或工时规范，以占工作日的百分比表示此项工时消耗的时间定额。

3）拟订休息时间。休息时间应根据工作班作息制度、经验资料、计时观察资料，以及对工作的疲劳程度作全面分析来确定。同时，应考虑尽可能利用不可避免中断时间作为休息时间。

规范时间均可利用工时规范或经验数据确定，准备与结束、休息、不可避免中断时间占工作班时间的百分率参考见表 3-9 所示。

表 3-9　　　　准备与结束、休息、不可避免中断时间占工作班时间的百分率参考

序号		时间占比分类		
		准备与结束时间占工作时间（%）	休息时间占工作时间（%）	不可避免中断时间占工作时间（%）
1	材料运输及材料加工	9	13～16	2
2	人力土方工程	3	13～16	2
3	架子工程	4	12～15	2
4	砖石工程	6	10～13	4
5	抹灰工程	6	10～13	3
6	手工木作工程	4	7～10	3
7	机械木作工程	3	4～7	3
8	模板工程	0	7～10	3
9	钢筋工程	4	7～10	4
10	现浇混凝土工程	6	10～13	3
11	预制混凝土工程	4	10～13	2
12	防水工程	5	25	3
13	油漆玻璃工程	3	4～7	2
14	钢制品制作及安装工程	4	4～7	2
15	机械土方工程	2	4～7	2
16	石方工程	4	13～16	2
17	机械打桩工程	6	10～13	3
18	构件运输及吊装工程	6	10～13	3
19	水暖电气工程	5	7～10	3

（2）拟订定额时间。

确定的基本工作时间、辅助工作时间、准备与结束工作时间、不可避免中断时间与休息时间之和，就是劳动定额的时间定额。根据时间定额可计算出产量定额，时间定额和产量定额互成倒数。

利用工时规范，可以计算劳动定额的时间定额。计算公式是：

$$工序作业时间 = 基本工作时间 + 辅助工作时间$$

$$规范时间 = 准备与结束工作时间 + 不可避免的中断时间 + 休息时间$$

$$工序作业时间 = 基本工作时间 + 辅助工作时间 = 基本工作时间 / （1 - 辅助时间\%）$$

$$定额时间 = \frac{工序作业时间}{1 - 规范时间\%}$$

二、确定机械台班定额消耗量的基本方法

1. 确定机械 1h 纯工作正常生产率

机械纯工作时间，就是指机械的必需消耗时间。机械 1h 纯工作正常生产率，就是在正常施工组织条件下，具有必需的知识和技能的技术工人操纵机械 1h 的生产率。

根据机械工作特点的不同，机械纯工作 1h 正常生产率的确定方法，也有所不同。

（1）对于循环动作机械，确定机械纯工作 1h 正常生产率的计算公式如下：

$$\begin{array}{c}机械一次循环的 \\ 正常延续时间\end{array} = \sum \left(\begin{array}{c}循环各组成部分 \\ 正常延续时间\end{array} \right) - 交叠时间$$

$$机械纯工作 1h 循环次数 = \frac{60 \times 60 （s）}{一次循环的正常延续时间}$$

$$\begin{array}{c}机械纯工作 1h \\ 正常生产率\end{array} = \begin{array}{c}机械纯工作 1h \\ 正常循环次数\end{array} \times \begin{array}{c}一次循环生产 \\ 的产品数量\end{array}$$

（2）对于连续动作机械，确定机械纯工作 1h 正常生产率要根据机械的类型和结构特征，以及工作过程的特点来进行。计算公式如下：

$$连续动作机械纯工作 1h 正常工作率 = \frac{工作时间内生产的产品数量}{工作时间 （h）}$$

工作时间内的产品数量和工作时间的消耗，要通过多次现场观察和机械说明书来取得数据。

2. 确定施工机械的正常利用系数

确定施工机械的正常利用系数，是指机械在工作班内对工作时间的利用率。机械的利用系数和机械在工作班内的工作状况有着密切的关系。所以，要确定机械的正常利用系数。首先要拟定机械工作班的正常工作状况，保证合理利用工时。机械正常利用系数的计算公式如下：

$$机械正常利用系数 = \frac{机械在一个工作内纯工作时间}{一个工作班延续时间 （8h）}$$

3. 计算施工机械台班定额

计算施工机械定额是编制机械定额工作的最后一步。在确定了机械工作正常条件、机械 1h 纯工作正常生产率和机械正常利用系数之后，采用下列公式计算施工机械的产量定额：

$$施工机械台班产量定额 = 机械 1h 纯工作正常生产率 \times 工作班纯工作时间$$

或

$$\begin{array}{c}施工机械台班 \\ 产量定额\end{array} = \begin{array}{c}机械 1h 纯工作 \\ 正常生产率\end{array} \times \begin{array}{c}工作班 \\ 延续时间\end{array} \times \begin{array}{c}机械正常 \\ 利用系数\end{array}$$

$$施工机械时间定额 = \frac{1}{机械台班产量定额指标}$$

三、确定材料定额消耗量的基本方法

1. 材料的分类

（1）根据材料消耗的性质划分。

施工中材料的消耗可分为必需消耗的材料和损失的材料两类性质。

必需消耗的材料，是指在合理用料的条件下，生产合格产品所需消耗的材料。它包括：直接用于建筑和安装工程的材料；不可避免的施工废料；不可避免的材料损耗。

必需消耗的材料属于施工正常消耗，是确定材料消耗定额的基本数据。其中：直接用于建筑和安装工程的材料，编制材料净用量定额；不可避免的施工废料和材料损耗，编制材料损耗定额。

（2）根据材料消耗与工程实体的关系划分。

施工中的材料可分为实体材料和非实体材料两类。

1）实体材料，是指直接构成工程实体的材料。它包括工程直接性材料和辅助材料。工程直接性材料主要是指一次性消耗、直接用于工程上构成建筑物或结构本体的材料，如钢筋混凝土柱中的钢筋、水泥、砂、碎石等；辅助性材料主要是指虽也是施工过程中所必须，却并不构成建筑物或结构本体的材料，如土石方爆破工程中所需的炸药、引信、雷管等。主要材料用量大，辅助材料用量少。

2）非实体材料，是指在施工中必须使用但又不能构成工程实体的施工措施性材料。非实体材料主要是指周转性材料，如模板、脚手架等。

2. 确定材料消耗量的基本方法

（1）现场技术测定法。

现场技术测定法，又称为观测法，是根据对材料消耗过程的测定与观察，通过完成产品数量和材料消耗量的计算，而确定各种材料消耗定额的一种方法。现场技术测定法主要适用于确定材料损耗量，因为该部分数值用统计法或其他方法较难得到。通过现场观察，还可以区别出哪些是可以避免的损耗，哪些是属于难以避免的损耗，明确定额中不应列入可以避免的损耗。

（2）实验室试验法。

实验室试验法，主要用于编制材料净用量定额。通过试验，能够对材料的结构、化学成分和物理性能以及按强度等级控制的混凝土、砂浆、沥青、油漆等配比做出科学的结论，给编制材料消耗定额提供有技术根据的、比较精确的计算数据。缺点是无法估计到施工现场时某些因素对材料消耗量的影响。

（3）现场统计法。

现场统计法，是以施工现场积累的分部分项工程使用材料数量、完成产品数量、完成工作原材料的剩余数量等统计资料为基础，经过整理分析，获得材料消耗的数据。这种方法由于不能分清材料消耗的性质，因而不能作为确定材料净用量定额和材料损耗定额的依据，只能作为编制定额的辅助性方法使用。

（4）理论计算法。

理论计算法，是运用一定的数学公式计算材料消耗定额。

第四章 绿化工程工程量计算

第一节 绿 地 整 理

一、工程量清单计算规则

绿地整理工程量清单项目设置及工程量计算规则应按表4-1的规定执行。

表4-1   绿地整理（编码：050101）

项目编码	项目名称	项目特征	计量单位	工程量计算规则	工作内容
050101001	砍伐乔木	树干胸径	株	按数量计算	1. 砍伐 2. 废弃物运输 3. 场地清理
050101002	挖树根（蔸）	地径			1. 挖树根 2. 废弃物运输 3. 场地清理
050101003	砍挖灌木丛及根	丛高或蓬径	1. 株 2. m²	1. 以株计量，按数量计算 2. 以平方米计量，按面积计算	1. 砍挖 2. 废弃物运输 3. 场地清理
050101004	砍挖竹及根	根盘直径	株（丛）	按数量计算	
050101005	砍挖芦苇 （或其他水生植物及根）	根盘丛径			
050101006	清除草皮	草皮种类	m²	按面积计算	1. 除草 2. 废弃物运输 3. 场地清理
050101007	清除地被植物	植物种类			1. 清除植物 2. 废弃物运输 3. 场地清理
050101008	屋面清理	1. 屋面做法 2. 屋面高度		按设计图示尺寸以面积计算	1. 原屋面清扫 2. 废弃物运输 3. 场地清理
050101009	种植土回（换）填	1. 回填土质要求 2. 取土运距 3. 回填厚度 4. 弃土运距	1. m³ 2. 株	1. 以立方米计量，按设计图示回填面积乘以回填厚度以体积计算 2. 以株计量，按设计图示数量计数	1. 土方挖、运 2. 回填 3. 找平、找坡 4. 废弃物运输

续表

项目编码	项目名称	项目特征	计量单位	工程量计算规则	工作内容
050101010	整理绿化用地	1. 回填土质要求 2. 取土运距 3. 回填厚度 4. 找平找坡要求 5. 弃渣运距	m²	按设计图示尺寸以面积计算	1. 排地表水 2. 土方挖、运 3. 耙细、过筛 4. 回填 5. 找平、找坡 6. 拍实 7. 废弃物运输
050101011	绿地起坡造型	1. 回填土质要求 2. 取土运距 3. 起坡平均高度	m³	按设计图示尺寸以体积计算	1. 排地表水 2. 土方挖、运 3. 耙细、过筛 4. 回填 5. 找平、找坡 6. 废弃物运输
050101012	屋顶花园基底处理	1. 找平层厚度、砂浆种类、强度等级 2. 防水层种类、做法 3. 排水层厚度、材质 4. 过滤层厚度、材质 5. 回填轻质土厚度、种类 6. 屋面高度 7. 阻根层厚度、材质、做法	m²	按设计图示尺寸以面积计算	1. 抹找平层 2. 防水层铺设 3. 排水层铺设 4. 过滤层铺设 5. 填轻质土壤 6. 阻根层铺设 7. 运输

注：整理绿化用地项目包含厚度≤300mm回填土，厚度>300mm回填土，应按现行国家标准《房屋建筑与装饰工程工程量计算规范》（GB 50854）相应项目编码列项。

二、工程量计算

【计算实例】

某养老院内有一绿地，如图 4-1 所示，现重新整修，需要把以前所种植物全部更新，绿地面积为 350m²，绿地中三个灌木丛占地面积为 95m²，竹林面积为 50m²，挖出土方量为 30m³。场地需要重新平整，绿地内为普坚土，挖出土方量为 150m³，种入植物后还余 35m³，求砍挖灌木丛及根的工程量。

【解】

项目编码：050101003　　项目名称：砍挖灌木丛及根。

工程量计算规则：1. 以株计量，按数量计算；2. 以平方米计量，按面积计算。

砍挖灌木丛及根：77（株）

砍挖灌木丛及根：95（m²）

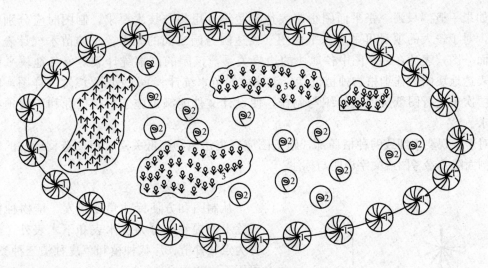

图 4 - 1 某小区绿地
1—法国梧桐；2—棕榈；3—月季；4—竹子

清单工程量计算见表 4 - 2。

表 4 - 2   清单工程量计算表

序号	项目编码	项目名称	项目特征描述	计量单位	工程量
1	050101003001	砍挖灌木丛及根	绿地面积为 350m²，绿地中三个灌木丛占地面积为 95m²，竹林面积为 50m²，挖出土方量为 30m³。场地需要重新平整，绿地内为普坚土，挖出土方量为 150m³，种入植物后还余 35m³	株	77
2	050101003002	砍挖灌木丛及根	绿地面积为 350m²，绿地中三个灌木丛占地面积为 95m²	m²	95

第二节 栽 植 花 木

一、识图相关知识

1. 现状植物的表示

植物种植范围内往往有一些现状植物，从保护环境的角度出发，应尽量保留原有植物，特别是古树古木、大树及具有观赏价值的草本、灌木等。设计时应结合植物现状条件，尽量保留原有的乔灌木，避免乱砍滥伐，破坏环境。在施工图中，可以用乔木图例内加竖细线的方法区分原有树木与设计树木，如图 4 - 2 所示，再在说明中注释其区别。

2. 总图与分图、详图

设计范围的面积有大有小，技术要求有简有

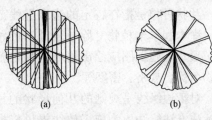

图 4 - 2 原有植物与设计树木图例说明
(a) 用竖向细填充线方法表示现状植物；
(b) 设计种植的植物图例符号

繁，如果一概都只画一张平面图很难表达清楚设计思想与技术要求，制图时应分别对待处理，对于较大的项目可采用总平面图（表达园与园之间的关系，总的苗木统计表）→各平面分图（表达在一个图中各地块的边界关系，该园的苗木统计表）→各地块平面分图（表达地块内的详细植物种植设计，该地块的苗木统计表），→重要位置的详图，四级图纸层次来进行图纸文件的组织与制作，使设计文件能满足施工、招投标和工程预结算的要求。

对于景观要求细致的种植局部，施工图应有表达植物高低关系、植物造型形式的立面图、剖面图、参考图或文字说明与标注。

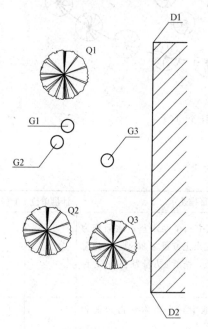

现状中有D1和D2两个参考点，设计有Q1、Q2、Q3等乔木和G1、G2、G3等灌木，列出定点放线表：

L_{Q1D1}=（Q1点的乔木距D1点之距离）
L_{Q1D2}=（Q1点的乔木距D2点之距离）
L_{G1D1}=（G1点的灌木距D1点之距离）
……

图4-3　点状种植施工图

形、圆球形、圆柱形、圆锥形等。

（2）片状种植。

片状种植是指在特定的边缘界线范围内成片种植乔木、灌木和草本植物（除草皮外）的种植形式。对这种种植形式，施工图应绘出清晰的种植范围边界线，标明植物名称、规格、密度等。

对于边缘线呈规则的几何形状的片状种植，可用尺寸标注方法标注，为施工放线提供依据，对边缘线呈不规则的自由线的片状种植，应绘方格网放线图，文字标注方法如图4-5所示。与苗木表相结合，用PQ、PG加阿拉伯数字分别表示片状种植的乔

3. 数字和文字标注

从制图和方便标注角度出发，植物种植形式除上面提到的分为上木表和下木表外，还可分为点状种植、片状种植和草皮种植三种类型，可用不同的方法进行标注。

（1）点状种植。

点状种植有规则式与自由式种植两种。对于规则式的点状种植（如行道树，阵列式种植等）可用尺寸标注出株行距、始末树种植点与参照物的距离。对于自由式的点状种植（如孤植树），可用坐标标注清楚种植点的位置或采用三角形标注法进行标注，如图4-3所示。

点状种植植物往往对植物的造型形状、规格的要求较严格，应在施工图中表达清楚，除利用立面图、剖面图表示以外，可用文字来加以标注，如图4-4所示。与苗木表相结合，用DQ、DG加阿拉伯数字分别表示点状种植的乔木、灌木（DQ1、DQ2、DQ3、…DG1、DG2、DG3…）。

植物的种植修剪和造型代号可用罗马数字：Ⅰ、Ⅱ、Ⅲ、Ⅳ、Ⅴ、Ⅵ…，分别代表自然生长

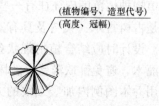

（植物编号、造型代号）
（高度、冠幅）

图4-4　点状种植植物的
标注方法

木、灌木。

（3）草皮种植。

草皮是在上述两种种植形式的种植范围以外的绿化种植区域种植，图例是用打点的方法表示，标注应标明其草坪名、规格及种植面积。

4. 种植工程常用图例

种植工程常用图例见表 4-3～表 4-5。

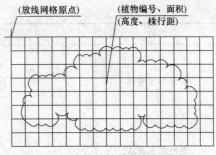

图 4-5　片状种植植物的标注方法

表 4-3　　　　　　　　　　　　植 物 图 例

序号	名称	图例	说明
1	落叶阔叶乔木		落叶乔、灌木均不填斜线；常绿乔、灌木加画 45° 细斜线。
2	常绿阔叶乔木		阔叶树的外围线用弧裂形或圆形线；针叶树的外围线用锯齿形或斜刺形线
3	落叶针叶乔木		乔木外形呈圆形；灌木外形呈不规则形乔木图例中粗线小圆表示现有乔木，
4	常绿针叶乔木		细线小十字表示设计乔木；灌木图例中黑点表示种植位置。
5	落叶灌木		凡大片树林可省略图例中的小圆、小十字及黑点
6	常绿灌木		
7	阔叶乔木疏林		—
8	针叶乔木疏林		常绿林或落叶林根据图画表现的需要加或不加 45° 细斜线
9	阔叶乔木密林		—

序号	名称	图例	说明
10	针叶乔木密林		—
11	落叶灌木疏林		—
12	落叶花灌木疏林		—
13	常绿灌木密林		—
14	常绿花灌木密林		—
15	自然形绿篱		—
16	整形绿篱		—
17	镶边植物		—
18	一、二年生草木花卉		—
19	多年生及宿根草木花卉		—
20	一般草皮		—
21	缀花草皮		—
22	整形树木		—

序号	名称	图例	说明
23	竹丛		—
24	棕榈植物		—
25	仙人掌植物		—
26	藤本植物		—
27	水生植物		—

表 4 - 4   枝 干 形 态

序号	名称	图例	说明
1	主轴干侧分枝形		—
2	主轴干无分枝形		—
3	无主轴干多枝形		—

续表

序号	名称	图例	说明
4	无主轴干垂枝形		—
5	无主轴干丛生形		—
6	无主轴干匍匐形		—

表 4-5　　　　　　　　　　树 冠 形 态

序号	名称	图例	说明
1	圆锥形		树冠轮廓线，凡针叶树用锯齿形；凡阔叶树用弧裂形表示
2	椭圆形		—
3	圆球形	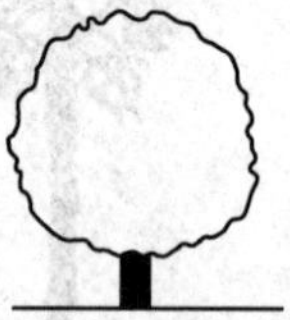	—
4	垂枝形		—
5	伞形	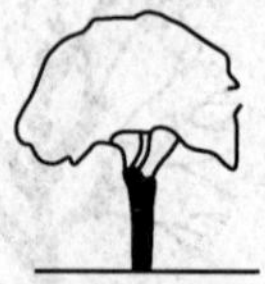	—
6	匍匐形		—

二、工程量清单计算规则

栽植花木工程量清单项目设置及工程量计算规则应按表4-6的规定执行。

表4-6　　　　　　　　　栽植花木（编码：050102）

项目编码	项目名称	项目特征	计量单位	工程量计算规则	工作内容
050102001	栽植乔木	1. 种类 2. 胸径或干径 3. 株高、冠径 4. 起挖方式 5. 养护期	株	按设计图示数量计算	1. 起挖 2. 运输 3. 栽植 4. 养护
050102002	栽植灌木	1. 种类 2. 根盘直径 3. 冠丛高 4. 蓬径 5. 起挖方式 6. 养护期	1. 株 2. m²	1. 以株计量，按设计图示数量计算 2. 以平方米计量，按设计图示尺寸以绿化水平投影面积计算	
050102003	栽植竹类	1. 竹种类 2. 竹胸径或根盘丛径 3. 养护期	株（丛）	按设计图示数量计算	
050102004	栽植棕榈类	1. 种类 2. 株高、地径 3. 养护期	株		
050102005	栽植绿篱	1. 种类 2. 篱高 3. 行数、蓬径 4. 单位面积株数 5. 养护期	1. m 2. m²	1. 以米计量，按设计图示长度以延长米计算 2. 以平方米计量，按设计图示尺寸以绿化水平投影面积计算	
050102006	栽植攀缘植物	1. 植物种类 2. 地径 3. 单位长度株数 4. 养护期	1. 株 2. m	1. 以株计量，按设计图示数量计算 2. 以米计量，按设计图示种植长度以延长米计算	
050102007	栽植色带	1. 苗木、花卉种类 2. 株高或蓬径 3. 单位面积株数 4. 养护期	m²	按设计图示尺寸以绿化水平投影面积计算	
050102008	栽植花卉	1. 花卉种类 2. 株高或蓬径 3. 单位面积株数 4. 养护期	1. 株（丛、缸） 2. m²	1. 以株（丛、缸）计量，按设计图示数量计算 2. 以平方米计量，按设计图示尺寸以水平投影面积计算	
050102009	栽植水生植物	1. 植物种类 2. 株高或蓬径或芽数/株 3. 单位面积株数 4. 养护期	1. 丛（缸） 2. m²		

项目编码	项目名称	项目特征	计量单位	工程量计算规则	工作内容
050102010	垂直墙体绿化种植	1. 植物种类 2. 生长年数或地（干）径 3. 栽植容器材质、规格 4. 栽植基质种类、厚度 5. 养护期	1. m² 2. m	1. 以平方米计量，按设计图示尺寸以绿化水平投影面积计算 2. 以米计量，按设计图示种植长度以延长米计算	1. 起挖 2. 运输 3. 栽植容器安装 4. 栽植 5. 养护
050102011	花卉立体布置	1. 草木花卉种类 2. 高度或蓬径 3. 单位面积株数 4. 种植形式 5. 养护期	1. 单体（处） 2. m²	1. 以单体（处）计量，按设计图示数量计算 2. 以平方米计量，按设计图示尺寸以面积计算	1. 起挖 2. 运输 3. 栽植 4. 养护
050102012	铺种草皮	1. 草皮种类 2. 铺种方式 3. 养护期			1. 起挖 2. 运输 3. 铺底砂（土） 4. 栽植 5. 养护
050102013	喷播植草（灌木）籽	1. 基层材料种类规格 2. 草（灌木）籽种类 3. 养护期	m²	按设计图示尺寸以绿化投影面积计算	1. 基层处理 2. 坡地细整 3. 喷播 4. 覆盖 5. 养护
050102014	植草砖内植草	1. 草坪种类 2. 养护期			1. 起挖 2. 运输 3. 覆土（砂） 4. 铺设 5. 养护

注： 1. 挖土外运、借土回填、挖（凿）土（石）方应包括在相关项目内。

2. 苗木计算应符合下列规定：

(1) 胸径应为地表面向上 1.2m 高处树干直径。

(2) 冠径又称冠幅，应为苗木冠丛垂直投影面的最大直径和最小直径之间的平均值。

(3) 蓬径应为灌木、灌丛垂直投影面的直径。

(4) 地径应为地表面向上 0.1m 高处树干直径。

(5) 干径应为地表面向上 0.3m 高处树干直径。

(6) 株高应为地表面至树顶端的高度。

(7) 冠丛高应为地表面至乔（灌）木顶端的高度。

(8) 篱高应为地表面至绿篱顶端的高度。

(9) 养护期应为招标文件中要求苗木种植结束后承包人负责养护的时间。

3. 苗木移（假）植应按花木栽植相关项目单独编码列项。

4. 土球包裹材料、树体输液保湿及喷洒生根剂等费用包含在相应项目内。

5. 墙体绿化浇灌系统按规范 A.3 绿地喷灌相关项目单独编码列项。

6. 发包人如有成活率要求时，应在特征描述中加以描述。

三、工程量计算

【计算实例】

某游园带状绿地位于游园大门口入口处南端，长50m，宽27m。绿地两边种植中等乔木，绿地中配植了一定数量的常绿树木、花和灌木，丰富了植物色彩，如图4-6所示。试求其工程量。

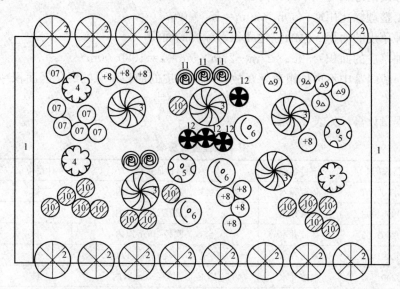

图4-6 公园大门口带状绿地

1—小叶女贞；2—合欢（10株胸径15cm以内、4株胸径12cm以内、2株胸径10cm以内）；
3—广玉兰（2株胸径10cm以内、3株胸径7cm以内）；4—樱花；5—碧桃；6—红叶李（1株胸径10cm以内、2株胸径7cm以内）；7—丁香（4株高度2m以内、2株高度1.8m以内）；8—金钟花（2株高度1.8m以内、6株高度1.5m以内）；9—榆叶梅（2株高度1.8m以内、3株高度1.5m以内）；10—黄杨球；11—紫薇；12—贴梗海棠

【解】

（1）项目编码：050102001；项目名称：栽植乔木。

工程量计算规则：按设计图示数量计算。

合欢：16（株）；

广玉兰：5（株）；

樱花：3（株）；

红叶李：3（株）；

碧桃：2（株）。

（2）项目编号：050102001；项目名称：栽植灌木。

工程量计算规则：按设计图示数量计算。

丁香：6（株）；

金钟花：8（株）；

榆叶梅：5（株）；

黄杨球：14（株）；

紫薇：5（株）；

贴梗海棠：4（株）。

（3）项目编码：050102005；项目名称：栽植绿篱

工程量计算规则：设计图示长度计算。

小叶女贞：27m×2＝54.00m

说明：绿篱的总长度＝单排绿篱长×2排

（4）人工整理绿化用地：50m×30m＝1500.00m^2

（5）铺种草皮的面积＝总的绿化面积－绿篱的面积

即：铺种草皮的面积＝50m×27m－27m×5m×2＝1080.00m^2

说明：一般绿篱中不再种植草坪，故：铺种草皮的面积＝总的绿化区面积－绿篱所占的面积。

清单工程量计算，见表4-7。

表4-7　　　　　　　　　　　　　　清单工程量计算表

序号	项目编码	项目名称	项目特征描述	计量单位	工程量
1	050102001001	栽植乔木	合欢，胸径15cm以内	株	10
2	050102001002	栽植乔木	合欢，胸径12cm以内	株	4
3	050102001003	栽植乔木	合欢，胸径10cm以内	株	2
4	050102001004	栽植乔木	广玉兰，胸径10cm以内	株	2
5	050102001005	栽植乔木	广玉兰，胸径7cm以内	株	3
6	050102001006	栽植乔木	樱花，胸径10cm以内	株	3
7	050102001007	栽植乔木	红叶李，胸径10cm以内	株	1
8	050102001008	栽植乔木	红叶李，胸径7cm以内	株	2
9	050102001009	栽植乔木	碧桃，胸径5cm以内	株	2
10	050102002001	栽植灌木	丁香，高度2m以内	株	4
11	050102002002	栽植灌木	丁香，高度1.8m以内	株	2
12	050102002003	栽植灌木	金钟花，高度1.8m以内	株	2
13	050102002004	栽植灌木	金钟花，高度1.5m以内	株	6
14	050102002005	栽植灌木	榆叶梅，高度1.8m以内	株	2
15	050102002006	栽植灌木	榆叶梅，高度1.5m以内	株	3
16	050102002007	栽植灌木	黄杨球，高度1.5m以内	株	14
17	050102002008	栽植灌木	紫薇，高度2m以内	株	3
18	050102002009	栽植灌木	紫薇，高度1.8m以内	株	2
19	050102002010	栽植灌木	贴梗海棠，高度1.5m以内	株	4
20	050102005001	栽植绿篱	小叶女贞，绿篱长15m	m	54.00
21	050101010001	整理绿化用地	人工整理绿地用地	m^2	1350.00
22	050102012001	铺种草皮	铺草卷	m^2	1080.00

注：1. 裸根乔木，按不同胸径以株计算。

　　2. 裸根灌木，按不同高度以株计算。

　　3. 绿篱，按单行或双行不同篱高以米计算。

　　4. 草坪、色带（块），宿根和花卉以平方米计算。

第三节　绿　地　喷　灌

一、识图相关知识

绿地喷灌工程图例见表4-8。

表4-8　　　　　　　　　　　　　绿地喷灌工程图例

序号	名称	图例	说明
1	永久螺栓		
2	高强螺栓		
3	安装螺栓		1. 细"+"线表示定位线； 2. M表示螺栓型号； 3. ϕ表示螺栓孔直径；
4	膨胀螺栓		4. d表示膨胀螺栓、电焊铆钉直径；
5	圆形螺栓孔		5. 采用引出线标注螺栓时，横线上标注螺栓规格，横线下标注螺栓孔直径
6	长圆形螺栓孔		
7	电焊铆钉		
8	偏心异径管		—
9	同心异径管		—
10	乙字管		—
11	喇叭口		—
12	转动接头		—
13	存水弯		—

序号	名称	图例	说明
14	90°弯头		—
15	正三通		—
16	斜三通		—
17	正四通		—
18	斜四通		—
19	浴盆排水管		—
20	闸阀		—
21	角阀		—
22	三通阀		—
23	四通阀		—
24	截止阀		—
25	电动闸阀		—
26	液动闸阀		—
27	气动闸阀		—
28	减压阀		左侧为高压端
29	旋塞阀	平面　　系统	—
30	底阀	平面　　系统	—
31	球阀		—

序号	名称	图例	说明
32	隔膜阀		—
33	气开隔膜阀		—
34	气闭隔膜阀		—
35	温度调节阀		—
36	压力调节阀		—
37	电磁阀	M	—
38	止回阀		—
39	消声止回阀		—
40	蝶阀		—
41	弹簧安全阀		左侧为通用
42	平衡锤安全阀		—
43	自动排气阀	平面　系统	—
44	浮球阀	平面　系统	—
45	延时自闭冲洗阀		—
46	吸水喇叭口	平面　系统	—
47	疏水器		—
48	法兰连接		—
49	承插连接		—

序号	名称	图例	说明
50	活接头		—
51	管堵		—
52	法兰堵盖		—
53	弯折管	高　　　　低	—
54	盲板		—
55	管道丁字上接	高 低	—
56	管道丁字下接	高 低	—
57	管道交叉	低 高	在下方和后面的管道应断开
58	温度计		—
59	压力表		—
60	自动记录压力表		—
61	压力控制器		—
62	水表		—
63	自动记录流量计		—
64	转子流量计	平面　　系统	—
65	真空表		—

续表

序号	名称	图例	说明
66	温度传感器	------[T]------	—
67	压力传感器	------[P]------	—
68	pH 值传感器	------[pH]------	—
69	酸传感器	------[H]------	—
70	碱传感器	------[H]------	—
71	余氯传感器	------[Cl]------	—

二、工程量清单计算规则

绿地喷灌工程量清单项目设置及工程量计算规则应按表 4-9 的规定执行。

表 4-9   绿地喷灌 （编码：050103）

项目编码	项目名称	项目特征	计量单位	工程量计算规则	工作内容
050103001	喷灌管线安装	1. 管道品种、规格 2. 管件品种、规格 3. 管道固定方式 4. 防护材料种类 5. 油漆品种、刷漆遍数	m	按设计图示管道中心线长度以延长米计算，不扣除检查（阀门）井、阀门、管件及附件所占的长度	1. 管道铺设 2. 管道固筑 3. 水压试验 4. 刷防护材料、油漆
050103002	喷灌配件安装	1. 管道附件、阀门、喷头品种、规格 2. 管道附件、阀门、喷头固定方式 3. 防护材料种类 4. 油漆品种、刷漆遍数	个	按设计图示数量计算	1. 管道附件、阀门、喷头安装 2. 水压试验 3. 刷防护材料、油漆

注：1. 挖填土石方应按现行国家标准《房屋建筑与装饰工程工程量计算规范》（GB 50854）附录 A 相关项目编码列项。

2. 阀门井应按现行国家标准《市政工程工程量计算规范》（GB 50857）相关项目编码列项。

三、工程量计算

【计算实例】

某广场绿地喷灌设施，从供水主管接出 DN40 分管，长 47m，从分管至喷头有 2 根 DN25 的支管，长度共为 60m；喷头采用旋转喷头 DN50 共 8 个；分管、支管均采用 UPVC 塑料管，试求喷灌设施清单工程量。

【解】

项目编码：050103001；项目名称：喷灌管线安装。

工程量计算规则：按设计图示管道中心线长度以延长米计算，不扣除检查（阀门）井、阀门、管件及附件所占的长度。

DN40 管道长度为 47.00m。

DN25 管道长度为 60.00m（区别不同管径按设计长度计算）。

清单工程量计算见表 4 - 10。

表 4 - 10   **清单工程量计算表**

序号	项目编码	项目名称	项目特征描述	计量单位	工程量
1	050103001001	喷灌管线安装	DN40 管道	m	47.00
2	050103001002	喷灌管线安装	DN25 管道	m	60.00

第五章　园路、园桥、假山工程工程量计算

第一节　园路、园桥工程

一、识图相关知识

1. 园路的构造形式

园路一般有街道式和公路式两种构造形式，如图 5-1 所示。

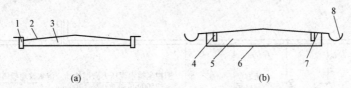

图 5-1　园路构造示意

(a) 街道式；(b) 公路式

1—立道、立道牙；2，5—路面；3，6—路基；4—平道牙；7—路肩；8—明沟

2. 园路工程施工图

（1）路线平面设计图。

路线平面设计图主要表示各级园路的平面布置情况。园路线形应流畅、优美、舒展。内容包括园路的线形及与周围的广场和绿地的关系、与地形起伏的协调变化及与建筑设施的位置关系。园路的线形设计直接影响园林的整体设计构思及艺术效果。

为了便于施工，园路平面图采用坐标方格网控制园路的平面形状，其轴线编号应与总平面图相符，以表示它在总平面图中的位置，如图 5-2、图 5-3 所示的公园路线平面设计图、小区园路线形设计。另外，也可用园路定位图控制园路的平面位置，如图 5-4 所示小区园路定位图。

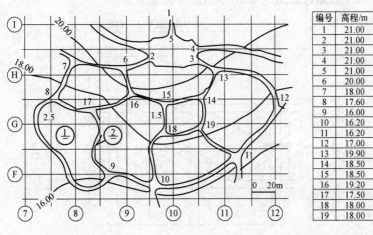

编号	高程/m
1	21.00
2	21.00
3	21.00
4	21.00
5	21.00
6	20.00
7	18.00
8	17.60
9	16.00
10	16.20
11	16.20
12	17.00
13	19.90
14	18.50
15	18.50
16	19.20
17	17.50
18	18.00
19	18.00

图 5-2　公园路线平面设计图

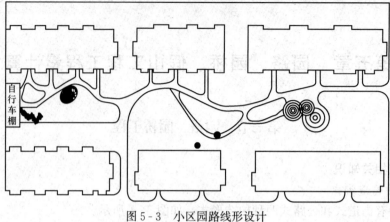

图 5 - 3　小区园路线形设计

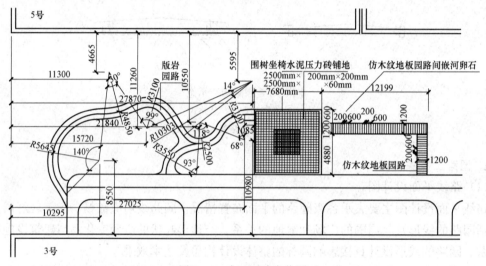

图 5 - 4　小区园路定位图

（2）铺装详图。

1）平面铺装详图。施工设计阶段绘制的平面铺装详图用比例尺量取数值已不够准确，所以，必须标注尺寸数据，如图 5 - 5 所示道路平面铺装详图。

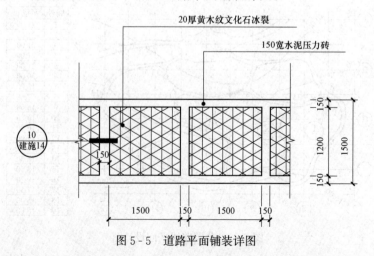

图 5 - 5　道路平面铺装详图

平面铺装详图还要表现路面铺装材料的材质和颜色，道路边石的材料和颜色，铺装图案放样等。对于不再进行铺装详图设计的铺装部分，应标明铺装风格、材料规格、铺装方式，并且应对材料进行编号。

2）路基横断面图。路基横断面图是假设用垂直于设计路线的铅垂剖切平面进行剖切所得到的断面图，是计算土石方和路基的依据。

用路基横断面图表达园路的面层结构以及绿化带的布局形式，也可以与局部平面图配合，表示园路的断面形状、尺寸、各层材料、做法和施工要求。如图 5-6 所示路基横断面图。

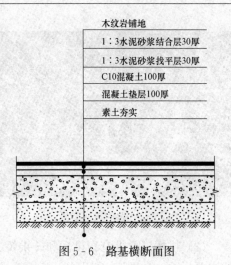

图 5-6　路基横断面图

3.园路及地面工程图例

园路及地面工程图例见表 5-1。

表 5-1　　　　　　　　　　　园路及地面工程图例

序号	名称	图示	说明
1	道路		—
2	铺装路面		—
3	台阶		箭头指向表示向上
4	铺砌场地		也可依据设计形态表示

4.桥体的造型

（1）平桥。桥面平整，结构简单，平面形状为一字形，有木桥、石桥、钢筋混凝土桥等。桥边常不做栏杆或只做矮护栏。桥体的主要结构部分是石梁、钢筋混凝土直梁或木梁，也常见直接用平整石板、钢筋混凝土板作桥面而不用直梁的，平桥造型，如图 5-7 所示。

（2）亭桥。在桥面较高的平桥或拱桥上，修建亭子，就叫做亭桥，如图 5-8 所示。亭桥是园林水景中常用的一种景物，它既是供游人观赏的景物点，又是可停留其中向外观景的观赏点。

图 5-7 平桥

图 5-8 亭桥

（3）拱桥。常见有石拱桥和砖拱桥，也有少量钢筋混凝土拱桥。拱桥是园林中造景用桥的主要形式，如图 5-9 所示，其材料易得，价格便宜，施工方便。桥体的立面形象比较突出，造型可有很大变化，并且网形桥孔在水面的投影也十分好看，因此，拱桥在园林中应用极为广泛。

（4）栈桥和栈道。架长桥为道路是栈桥和栈道的根本特点。严格地讲，这两种园桥并没有本质上的区别，只是栈桥更多的是独立设置在水面上或地面上，如图 5-10 所示，栈道则更多地依傍于山壁或岸壁。

图 5-9 拱桥

图 5-10 栈桥

（5）平曲桥。基本情况和一般平桥相同，但桥的平面形状不为一字形，而是左右转折的折线形。根据转折数，可有三曲桥、五曲桥、七曲桥、九曲桥等，如图 5-11 所示。桥面转折多为 90°直角，但也可采用 120°钝角，偶尔还可用 150°转角。平曲桥桥面设计为低而平的效果最好。

（6）廊桥。这种园桥与亭桥相似，也是在平桥或平曲桥上修建风景建筑，但其建筑是采用长廊的形式，如图 5-12 所示。廊桥的造景作用和观景作用与亭桥一样。

（7）吊桥。这是以钢索、铁链为主要结构材料（在过去有用竹索或麻绳的），将桥面悬吊在水面上的一种园桥形式。这类吊桥吊起桥面的方式又有两种：一种是全用钢索铁链吊起桥面，并作为桥边扶手，如图 5-13（a）所示。另一种是在上部用大直径钢管做成拱形支架，从拱形钢管上等距地面垂下钢制缆索，吊起桥面，如图 5-13（b）所示。吊桥主要用在风景区的河面上或山沟上面。

图 5-11 平曲桥

图 5-12 廊桥

(a)

(b)

图 5-13 吊桥

（8）浮桥。将桥面架在整齐排列的浮筒（或舟船）上，可构成浮桥，如图 5-14 所示。浮桥适用于水位常有涨落而又不便人为控制的水体中。

（9）汀步。这是一种没有桥面，只有桥墩的特殊的桥，或者也可说是一种特殊的路。是采用线状排列的步石、混凝土墩、砖墩或预制的汀步构件布置在浅水区、沼泽区、沙滩上或草坪上，形成的能够行走的通道，如图 5-15 所示。

图 5-14 浮桥

图 5-15 汀步

5. 桥体结构形式

（1）板梁柱式。以桥柱或桥墩支撑桥体重量，以直梁按简支梁方式两端搭在桥柱上，梁上铺设桥板作桥面，如图 5-16 所示。在桥孔跨度不大的情况下，也可不用桥梁，直接将桥板两端搭在桥墩上，铺成桥面。桥梁、桥面板一般用钢筋混凝土预制或现浇；如果跨度较小，也可用石梁和石板。

（2）悬臂梁式。桥梁从桥孔两端向中间悬挑伸出，在悬挑的梁头再盖上短梁或桥板，连成完整的桥孔，如图 5-17 所示。这种方式可以增大桥孔的跨度，以便于桥下行船。石桥和钢筋混凝土桥都可能采用悬臂梁式结构。

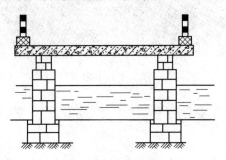

图 5-16　板梁柱式

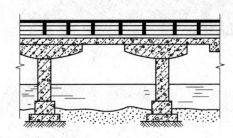

图 5-17　悬臂梁式

（3）拱券式。桥孔由砖石材料拱券而成，桥体重量通过圆拱传递到桥墩，如图 5-18 所示。单孔桥的桥面一般也是拱形，基本上都属于拱桥。三孔以上的拱券式桥，其桥面多数做成平整的路面形式，也常有把桥顶做成半径很大的微拱形桥面。

（4）悬索式。一般索桥的结构方式，以粗长的悬索固定在桥的两头，底面有若干根钢索排成一个平面，其上铺设桥板作为桥面；两侧各有一根至数根钢索从上到下竖向排列，并由许多下垂的钢丝绳相互串联一起，下垂钢丝绳的下端吊起桥板，如图 5-19 所示。

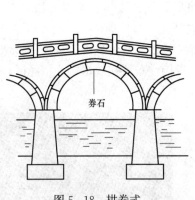

券石

图 5-18　拱券式

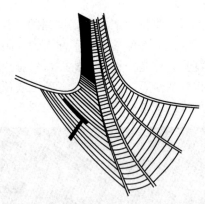

图 5-19　悬索式

（5）桁架式。用铁制桁架作为桥体，桥体杆件多为受拉或受压的轴力构件，这种杆件取代了弯矩产生的条件，使构件的受力特性得以充分发挥。杆件的结点多为铰接。

6. 园桥常见图例

园桥常见图例见表 5-2。

表 5 - 2　　　　　　　　　　　　　　　园桥常见图例

序号	名称	图例		说明
1	等边角钢	└	└ $b×t$	b 为肢宽 t 为肢厚
2	不等边角钢	└ (B)	└ $B×b×t$	B 为长肢宽 b 为短肢宽 t 为肢厚
3	工字钢	I	I N　Q I N	轻型工字钢加注 Q 字 N 为工字钢的型号
4	槽钢	[	[N　　Q [N	轻型槽钢加注 Q 字 N 为槽钢的型号
5	方钢	▧ (b)	□ b	—
6	扁钢	▭ b	— $b×t$	—
7	钢板	———	$\dfrac{-b×t}{l}$	$\dfrac{宽×厚}{板长}$
8	圆钢	⊘	ϕd	—
9	钢管	○	DN×× $d×t$	内径 外径×壁厚
10	薄壁方钢管	□	—	—
11	薄壁等肢角钢	└	—	—
12	薄壁等肢卷边角钢	└ (a)	—	—
13	薄壁槽钢	[(h)	—	—
14	薄壁卷边槽钢	[(a)	—	—
15	薄壁卷边 Z 型钢	(h) (a)	B $h×b×a×t$	—
16	T 型钢	T	TW×× TM×× TN××	TW 为宽翼缘 T 开型钢 TM 为中翼缘 T 型钢 TN 为窄翼缘 T 型钢
17	H 型钢	H	HW×× HM×× HN××	HW 为宽翼缘 H 型钢 HM 为中翼缘 H 型钢 HN 为窄翼缘 H 型钢

二、工程量清单计算规则

园路、园桥工程工程量清单项目设置及工程量计算规则应按表 5-3 的规定执行。

表 5-3 　　　　　　　**园路、园桥工程（编码：050201）**

项目编码	项目名称	项目特征	计量单位	工程量计算规则	工作内容
050201001	园路	1. 路床土石类别 2. 垫层厚度、宽度、材料种类	m²	按设计图示尺寸以面积计算，不包括路牙	1. 路基、路床整理 2. 垫层铺筑 3. 路面铺筑 4. 路面养护
050201002	踏（蹬）道	3. 路面厚度、宽度、材料种类 4. 砂浆强度等级		按设计图示尺寸以水平投影面积计算，不包括路牙	
050201003	路牙铺设	1. 垫层厚度、材料种类 2. 路牙材料种类、规格 3. 砂浆强度等级	m	按设计图示尺寸以长度计算	1. 基层清理 2. 垫层铺设 3. 路牙铺设
050201004	树池围牙、盖板（箅子）	1. 围牙材料种类、规格 2. 铺设方式 3. 盖板材料种类、规格	1. m 2. 套	1. 以米计量，按设计图示尺寸以长度计算 2. 以套计量，按设计图示数量计算	1. 清理基层 2. 围牙、盖板运输 3. 围牙、盖板铺设
050201005	嵌草砖（格）铺装	1. 垫层厚度 2. 铺设方式 3. 嵌草砖（格）品种、规格、颜色 4. 漏空部分填土要求	m²	按设计图示尺寸以面积计算	1. 原土夯实 2. 垫层铺设 3. 铺砖 4. 填土
050201006	桥基础	1. 基础类型 2. 垫层及基础材料种类、规格 3. 砂浆强度等级	m³	按设计图示尺寸以体积计算	1. 垫层铺筑 2. 起重架搭、拆 3. 基础砌筑 4. 砌石
050201007	石桥墩、石桥台	1. 石料种类、规格 2. 勾缝要求 3. 砂浆强度等级、配合比	m³	按设计图示尺寸以体积计算	1. 石料加工 2. 起重架搭、拆 3. 墩、台、券石、券脸砌筑 4. 勾缝
050201008	拱券石				
050201009	石券脸	1. 石料种类、规格 2. 券脸雕刻要求	m²	按设计图示尺寸以面积计算	
050201010	金刚墙砌筑	3. 勾缝要求 4. 砂浆强度等级、配合比	m³	按设计图示尺寸以体积计算	1. 石料加工 2. 起重架搭、拆 3. 砌石 4. 填土夯实

续表

项目编码	项目名称	项目特征	计量单位	工程量计算规则	工作内容
050201011	石桥面铺筑	1. 石料种类、规格 2. 找平层厚度、材料种类 3. 勾缝要求 4. 混凝土强度等级 5. 砂浆强度等级	m²	按设计图示尺寸以面积计算	1. 石材加工 2. 抹找平层 3. 起重架搭、拆 4. 桥面、桥面踏步铺设 5. 勾缝
050201012	石桥面檐板	1. 石料种类、规格 2. 勾缝要求 3. 砂浆强度等级、配合比		、	1. 石材加工 2. 檐板铺设 3. 铁锔、银锭安装 4. 勾缝
050201013	石汀步 （步石、飞石）	1. 石料种类、规格 2. 砂浆强度等级、配合比	m³	按设计图示尺寸以体积计算	1. 基层整理 2. 石材加工 3. 砂浆调运 4. 砌石
050201014	木制步桥	1. 桥宽度 2. 桥长度 3. 木材种类 4. 各部位截面长度 5. 防护材料种类	m²	按桥面板设计图示尺寸以面积计算	1. 木桩加工 2. 打木桩基础 3. 木梁、木桥扳、木桥栏杆、木扶手制作、安装 4. 连接铁件、螺栓安装 5. 刷防护材料
050201015	栈道	1. 栈道宽度 2. 支架材料种类 3. 面层材料种类 4. 防护材料种类	m²	按栈道面板设计图示尺寸以面积计算	1. 凿洞 2. 安装支架 3. 铺设面板 4. 刷防护材料

注：1. 园路、园桥工程的挖土方、开凿石方、回填等应按现行国家标准《市政工程工程量计算规范》（GB 50857）相关项目编码列项。

2. 如遇某些构配件使用钢筋混凝土或金属构件时，应按现行国家标准《房屋建筑与装饰工程工程量计算规范》（GB 50854）或《市政工程工程量计算规范》（GB 50857）相关项目编码列项。

3. 地伏石、石望柱、石栏杆、石栏板、扶手、撑鼓等应按现行国家标准《仿古建筑工程工程量计算规范》（GB 50855）相关项目编码列项。

4. 亲水（小）码头各分部分项项目按照园桥相应项目编码列项。

5. 台阶项目应按现行国家标准《房屋建筑与装饰工程工程量计算规范》（GB 50854）相关项目编码列项。

6. 混合类构件园桥应按现行国家标准《房屋建筑与装饰工程工程量计算规范》（GB 50854）或《通用安装工程工程量计算规范》（GB 50856）相关项目编码列项。

三、工程量计算

【计算实例】

某圆形广场采用青砖铺设路面（无路牙），具体路面结构设计如图 5 - 20 所示，已知该广场半径为 13m，试求园路工程量。

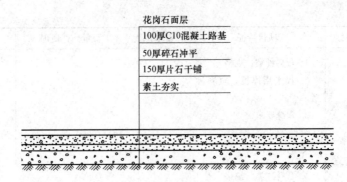

花崗石面層
100厚C10混凝土路基
50厚碎石沖平
150厚片石干鋪
素土夯實

图 5 - 20　園路剖面示意图

【解】

項目編碼：050201001；項目名稱：園路。

工程量計算規則：按設計圖示尺寸以面積計算，不包括路牙。

園路工程量：$3.14 \times 13^2 \, \mathrm{m}^2 = 530.66 \, \mathrm{m}^2$

清單工程量計算見表 5 - 4。

表 5 - 4　　　　　　　　　　　　清單工程量計算表

序号	項目編碼	項目名稱	項目特徵描述	計量單位	工程量
1	050201001001	園路	花崗岩面層，C30 混凝土路基，碎石 50mm，片石 150mm	m²	530.66

第二節　駁　　岸

一、識圖相關知識

1. 砌石駁岸構造

常見的砌石駁岸構造包括基礎、牆身和壓頂三部分。如圖 5 - 21 所示永久性駁岸結構示意。

（1）基礎，是駁岸承重部分，通過它將上部重量傳給地基，故要求堅固，埋入湖底深度不得小於 50cm；基礎寬度 B 則視土壤情況而定，砂礫土為（0.35～0.4）h，砂壤土為 $0.45h$，濕砂土為（0.5～0.6）h，飽和水壤土為 $0.75h$。如圖 5 - 22 所示重力式駁岸結構尺寸圖，與表 5 - 5 配合使用。

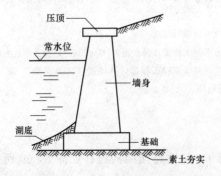

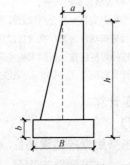

图 5 - 21　永久性駁岸結構示意　　　　图 5 - 22　重力式駁岸結構尺寸

表5-5		常见块石驳岸选用表		（单位：cm）
h	a	B		b
100	30	40		30
200	50	80		30
250	60	100		50
300	60	120		50
350	60	140		70
400	60	160		70
500	60	200		70

（2）墙身，处于基础与压顶之间，承受压力最大，包括垂直压力、水的水平压力及墙后土壤侧压力，故需具有一定的厚度，墙体高度要以最高水位和水面浪高来确定，岸顶应以贴近水面为好，便于游人亲近水面，并显得蓄水丰盈饱满。

（3）压顶，为驳岸最上部分，宽度30～50cm，用混凝土或大块石做成，具有增强驳岸稳定性、美化水岸线，阻止墙后土壤流失的作用。

整体式块石驳岸迎水面常采用1：10边坡。

2. 砌石驳岸结构

砌石驳岸结构做法如图5-23～图5-27所示。

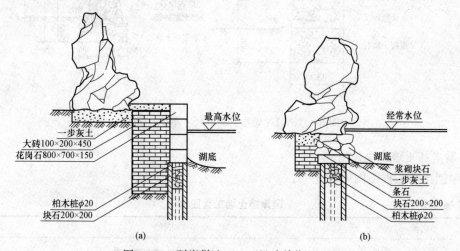

图5-23　驳岸做法（1）（尺寸单位：mm）

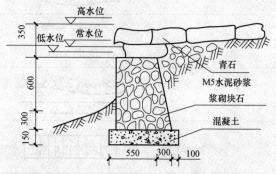

图5-24　驳岸做法（2）（尺寸单位：mm）

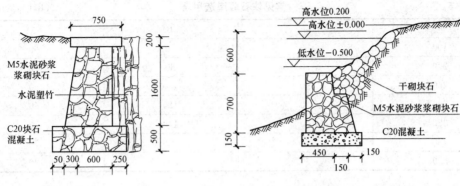

图 5-25　驳岸做法（3）（尺寸单位：mm）　　　图 5-26　驳岸做法（4）（尺寸单位：mm）

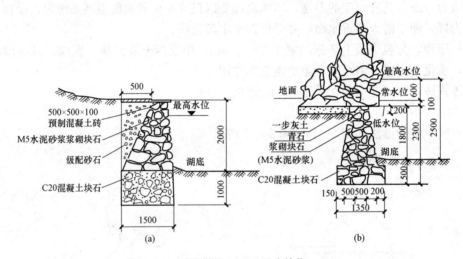

图 5-27　驳岸做法（5）（尺寸单位：mm）

3. 驳岸挡土墙工程图例

驳岸挡土墙工程图例见表 5-6。

表 5-6　　　　　　　　　　　　　　　驳岸挡土墙工程图例

序号	名称	图例
1	护坡	
2	挡土墙	
3	驳岸	
4	台阶	

序号	名称	图例
5	排水明沟	
6	有盖的排水沟	
7	天然石材	
8	毛石	
9	烧结普通砖	
10	耐火砖	
11	空心砖	
12	饰面砖	
13	混凝土	
14	钢筋混凝土	
15	焦渣、矿渣	
16	金属	
17	松散材料	
18	木材	
19	胶合板	
20	石膏板	
21	多孔材料	
22	玻璃	
23	纤维材料	

二、工程量清单计算规则

驳岸工程量清单项目设置及工程量计算规则应按表 5-7 的规定执行。

表 5-7   驳岸（编码：050202）

项目编码	项目名称	项目特征	计量单位	工程量计算规则	工作内容
050202001	石（卵石）砌驳岸	1. 石料种类、规格 2. 驳岸截面、长度 3. 勾缝要求 4. 砂浆强度等级、配合比	1. m³ 2. t	1. 以立方米计量，按设计图示尺寸以体积计算 2. 以吨计量，按质量计算	1. 石料加工 2. 砌石（卵石） 3. 勾缝
050202002	原木桩驳岸	1. 木材种类 2. 桩直径 3. 桩单根长度 4. 防护材料种类	1. m 2. 根	1. 以米计量，按设计图示桩长（包括桩尖）计算 2. 以根计量，按设计图示数量计算	1. 木桩加工 2. 打木桩 3. 刷防护材料
050202003	满（散）铺砂卵石护岸（自然护岸）	1. 护岸平均宽度 2. 粗细砂比例 3. 卵石粒径	1. m² 2. t	1. 以平方米计量，按设计图示尺寸以护岸展开面积计算 2. 以吨计量，按卵石使用质量计算	1. 修边坡 2. 铺卵石
050202004	点（散）布大卵石	1. 大卵石粒径 2. 数量	1. 块（个） 2. t	1. 以块（个）计量，按设计图示数量计算 2. 以吨计量，按卵石使用质量计算	1. 布石 2. 安砌 3. 成型
050202005	框格花木护岸	1. 展开宽度 2. 护坡材质 3. 框格种类与规格	m²	按设计图示尺寸展开宽度乘以长度以面积计算	1. 修边坡 2. 安放框格

注：1. 驳岸工程的挖土方、开凿石方、回填等应按现行国家标准《房屋建筑与装饰工程工程量计算规范》（GB 50854）附录 A 相关项目编码列项。

2. 木桩钎（梅花桩）按原木桩驳岸项目单独编码列项。

3. 钢筋混凝土仿木桩驳岸，其钢筋混凝土及表面装饰应按现行国家标准《房屋建筑与装饰工程工程量计算规范》（GB 50854）相关项目编码列项，若表面"塑松皮"按规范附录 C"园林景观工程"相关项目编码列项。

4. 框格花木护岸的铺草皮、撒草籽等应按规范附录 A"绿化工程"相关项目编码列项。

三、工程量计算

【计算实例】

某园林内人工湖为原木桩驳岸，假山占地面积为 150m²，木桩为柏木桩，桩高 1.4m，直径为 13cm，共 5 排，两桩之间距离为 20cm，打木桩时挖圆形地坑，地坑深 1m，半径为 8cm，试求原木桩驳岸的清单工程量，如图 5-28 所示。

【解】

项目编码：050202002；项目名称：原木桩驳岸。

工程量计算规则：1. 以米计量，按设计图示以桩长（包括桩尖）计算；2. 以根计量，按设计图示数量计算。

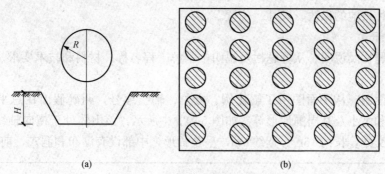

图 5-28　原木桩驳岸示意图

(a) 圆形地坑示意图；(b) 木桩平面示意图

原木桩驳岸工程量：$L=1$ 根木桩的长度×根数＝（$1.4×5×5$）m＝35m

原木桩驳岸工程量：（$5×5$）根＝25 根

清单工程量计算见表 5-8。

表 5-8　　　　　　　　　　　**清单工程量计算表**

项目编码	项目名称	项目特征描述	计量单位	工程量
050202002001	原木桩驳岸	柏木桩，桩高 1.4m，直径 13cm，共 5 排	m	35
050202002002	原木桩驳岸	柏木桩	根	25

第三节　堆　塑　假　山

一、识图相关知识

1. 假山施工平面图

假山施工平面图中包含以下内容：

（1）假山的平面位置、尺寸。

（2）山峰、制高点、山谷、山洞的平面位置、尺寸及各处高程。

（3）假山附近地形及建筑物、地下管线及与山石的距离。

（4）植物及其他设施的位置、尺寸。

（5）图纸的比例尺一般为 1∶20～1∶50，度量单位为"mm"。

2. 假山施工立面图

假山施工立面图中包含以下内容：

（1）假山的层次、配置形式。

（2）假山的大小及形状。

（3）假山与植物及其他设备的关系。

3. 假山施工剖面图

假山施工剖面图中包含以下内容：

（1）假山各山峰的控制高程。

（2）假山的基础结构。

（3）管线位置、管径。

（4）植物种植池的做法、尺寸、位置。

4. 假山的识读

（1）看标题栏及说明。从标题栏及说明中了解工程名称、材料和技术要求。本例为驳岸式假山工程。

（2）看平面图。从平面图中了解比例、方位、轴线编号，明确假山在总平面图中的位置、平面形状和大小及其周围地形等。如图 5-29 中所示，该山体处于横向轴线⑫、⑬与纵向轴线ⓒ的相交处，长约 16m，宽约 6m，呈狭长形，中部设有瀑布和洞穴，前后散置山石。

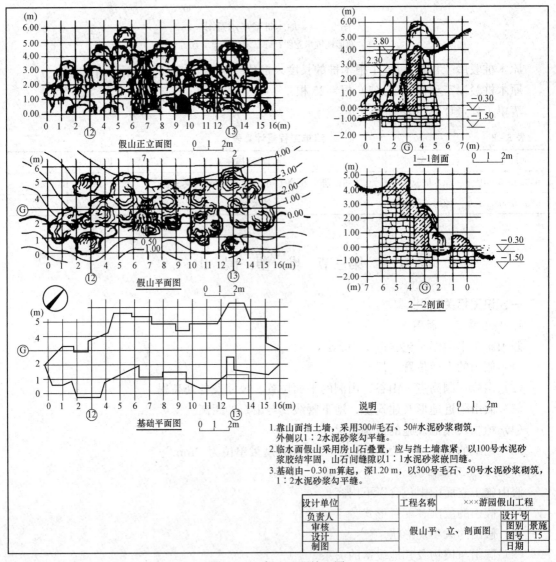

图 5-29　假山工程施工图

（3）看立面图。从立面图中了解山体各部的立面形状及其高度，结合平面图辨析其前后层次及布局特点。由图 5-29 可知，假山主峰位于中部偏左，高为 6.00m，位于主峰右侧的 4.00m 高处设有二选瀑布，瀑布右侧置有洞穴及谷壑。

（4）看剖面图。对照平面图的剖切位置、轴线编号，了解断面形状、结构形式、材料、做法及各部高度。由图 5 - 29 可知，1—1 剖面是过瀑布剖切的，假山山体由毛石挡土墙和房山石叠置而成，挡土墙背靠土山，山石假山面临水体，两级瀑布跌水标高分别为 3.80m 和 2.30m。2—2 剖面取自较宽的⑬轴附近，谷壑前散置山石，增加了前后层次。

二、工程量清单计算规则

堆塑假山工程量清单项目设置及工程量计算规则应按表 5 - 9 的规定执行。

表 5 - 9　　　　　　　　　　堆塑假山（编码：050301）

项目编码	项目名称	项目特征	计量单位	工程量计算规则	工作内容
050301001	堆筑土山丘	1. 土丘高度 2. 土丘坡度要求 3. 土丘底外接矩形面积	m³	按设计图示山丘水平投影外接矩形面积乘以高度的 1/3 以体积计算	1. 取土、运土 2. 堆砌、夯实 3. 修整
050301002	堆砌石假山	1. 堆砌高度 2. 石料种类、单块重量 3. 混凝土强度等级 4. 砂浆强度等级、配合比	t	按设计图示尺寸以质量计算	1. 选料 2. 起重机搭、拆 3. 堆砌、修整
050301003	塑假山	1. 假山高度 2. 骨架材料种类、规格 3. 山皮料种类 4. 混凝土强度等级 5. 砂浆强度等级、配合比 6. 防护材料种类	m²	按设计图示尺寸以展开面积计算	1. 骨架制作 2. 假山胎模制作 3. 塑假山 4. 山皮料安装 5. 刷防护材料
050301004	石笋	1. 石笋高度 2. 石笋材料种类 3. 砂浆强度等级、配合比	支	1. 以块（支、个）计量，按设计图示数量计算 2. 以吨计量，按设计图示石料质量计算	1. 选石料 2. 石笋安装
050301005	点风景石	1. 石料种类 2. 石料规格、重量 3. 砂浆配合比	1. 块 2. t		1. 选石料 2. 起重架搭、拆 3. 点石
050301006	池、盆景置石	1. 底盘种类 2. 山石高度 3. 山石种类 4. 混凝土砂浆强度等级 5. 砂浆强度等级、配合比	1. 座 2. 个	1. 以块（支、个）计量，按设计图示数量计算 2. 以吨计量，按设计图示石料质量计算	1. 底盘制作、安装 2. 池、盆景山石安装、砌筑
050301007	山（卵）石护角	1. 石料种类、规格 2. 砂浆配合比	m³	按设计图示尺寸以体积计算	1. 石料加工 2. 砌石
050301008	山坡（卵）石台阶	1. 石料种类、规格 2. 台阶坡度 3. 砂浆强度等级	m²	按设计图示尺寸以水平投影面积计算	1. 选石料 2. 台阶砌筑

注：1. 假山（堆筑土山丘除外）工程的挖土方、开凿石方、回填等应按现行国家标准《房屋建筑与装饰工程工程量计算规范》（GB 50854）相关项目编码列项。

　　2. 如遇某些构配件使用钢筋混凝土或金属构件时，应按现行国家标准《房屋建筑与装饰工程工程量计算规范》（GB 50854）或《市政工程工程量计算规范》（GB 50857）相关项目编码列项。

　　3. 散铺河滩石按点风景石项目单独编码列项。

　　4. 堆筑土山丘，适用于夯填、堆筑而成。

三、工程量计算

【计算实例】

某公园内有一人工塑假山如图 5-30 所示，高 9m，占地 27m²，采用钢骨架。假山基础为混凝土基础，35mm 厚砂石垫层，C10 混凝土厚 100mm，素土夯实。假山上有人工安置白果笋 1 支，高 2m；景石 3 块，平均长 2m，宽 1m，高 1.5m；零星点布石 5 块，平均长 1m，宽 0.6m，高 0.7m；风景石和零星点布石为黄石。假山山皮料为小块英德石，每块高 2m，宽 1.5m，共 60 块，需要人工运送 60m 远。试求塑假山工程量。

【解】

（1）项目编码：050301003；项目名称：塑假山。

工程量计算规则：按设计图示尺寸以展开面积计算。

假山面积：27.00

（2）项目编码：050301004；项目名称：石笋。

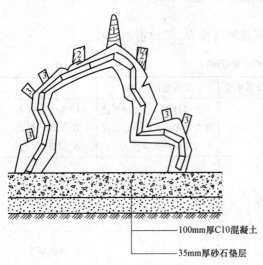

图 5-30　人工塑假山剖面图
1—白果笋；2—景石；3—零星点布石

—— 100mm 厚 C10 混凝土
—— 35mm 厚砂石垫层

工程量计算规则：按设计图示数量计算。

白果笋：1 支

（3）项目编码：050301005；项目名称：点风景石。

工程量计算规则：按设计图示数量计算。

景石：3 块

清单工程量计算见表 5-10。

表 5-10　　　　　　　　　　　　　清单工程量计算表

序号	项目编码	项目名称	项目特征描述	计量单位	工程量
1	050301003001	塑假山	人工塑假山，钢骨架，山高 9m，假山地基为混凝土基础，山皮料为小块英德石	m²	27.00
2	050301004001	石笋	高 2m	支	1
3	050301005001	点石风景	平均长 2m，宽 1m，高 1.5m	块	3

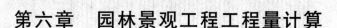

第六章　园林景观工程工程量计算

第一节　原木、竹构件

一、工程量清单计算规则

原木、竹构件工程量清单项目设置及工程量计算规则应按表 6-1 的规定执行。

表 6-1　　　　　　　　　原木、竹构件（编码：050302）

项目编码	项目名称	项目特征	计量单位	工程量计算规则	工作内容
050302001	原木（带树皮）柱、梁、檩、椽	1. 原木种类 2. 原木直（梢）径（不含树皮厚度） 3. 墙龙骨材料种类、规格 4. 墙底层材料种类、规格 5. 构件联结方式 6. 防护材料种类	m	按设计图示尺寸以长度计算（包括榫长）	1. 构件制作 2. 构件安装 3. 刷防护材料
050302002	原木（带树皮）墙		m²	按设计图示尺寸以面积计算（不包括柱、梁）	
050302003	树枝吊挂楣子			按设计图示尺寸以框外围面积计算	
050302004	竹柱、梁、檩、椽	1. 竹种类 2. 竹直（梢）径 3. 连接方式 4. 防护材料种类	m	按设计图示尺寸以长度计算	
050302005	竹编墙	1. 竹种类 2. 墙龙骨材料种类、规格 3. 墙底层材料种类、规格 4. 防护材料种类	m²	按设计图示尺寸以面积计算（不包括柱、梁）	
050302006	竹吊挂楣子	1. 竹种类 2. 竹梢径 3. 防护材料种类		按设计图示尺寸以框外围面积计算	

二、工程量计算

【计算实例】

某自然生态景区，采用原木墙来分隔空间。根据景区需要，原木墙做成高低参差不齐的形状，如图 6-1 所示。所用原木均为直径 10cm 的木材，试求其工程量（其中原木高为 1.5m 的有 8 根，1.6m 的有 7 根，1.7m 的有 8 根，1.8m 的有 4 根，1.9m 的有 5 根，2m 的有 5 根）。

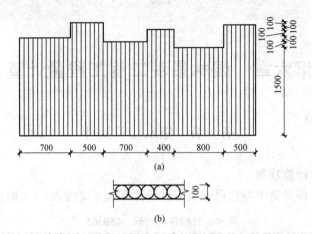

图 6-1　原木墙构造示意图

(a) 立面图；(b) 平面图

【解】

项目编码：050302002；项目名称：原木（带树皮）墙。

工程量计算规则：按设计图示尺寸以面积计算（不包括柱、梁）。

该原木墙的面积＝不同高度的原木面积之和

$$=(0.7×1.7+0.5×2.0+0.7×1.6+0.4×1.8+0.8×1.5+0.5×1.9)m^2$$
$$=6.18m^2$$

清单工程量计算见表 6-2。

表 6-2　　　　　　　　　　　　清单工程量计算表

项目编码	项目名称	项目特征描述	计量单位	工程量
050302002001	原木（带树皮）墙	原木直径为 10cm	m²	6.18

第二节　亭　廊　屋　面

一、识图相关知识

1. 钢筋混凝土预制装配仿古亭

钢筋混凝土预制装配仿古亭如图 6-2 所示，亭顶采用了钢丝网代替木模板的做法，不使用起重设备，节约了大量木材和人工，增加了亭顶的强度。

2. 欧式亭

欧式亭一般是用在欧式风格的景区内，多为钢筋混凝土仿石做法。某欧式亭的结构及做法如图 6-3 所示。

3. 蘑菇亭

蘑菇亭做法的不同之处是：有时要在亭顶底板下做出菌脉，可利用轻钢构架外加水泥抹面仿生做成。最后，涂上鲜艳美丽色彩的丙烯酸酯涂料。蘑菇亭及其菌脉顶板构造如图 6-4 所示。蘑菇亭的剖面如图 6-5 所示。

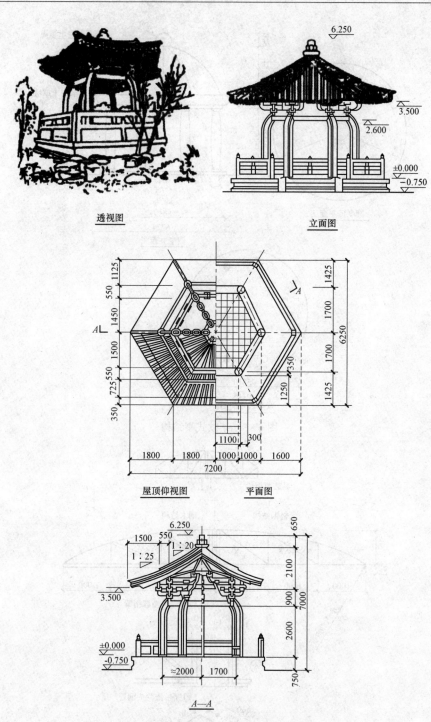

透视图

立面图

屋顶仰视图

平面图

A—A

图 6-2 钢筋混凝土预制装配仿古亭
（尺寸标注单位：mm；标高单位：m）

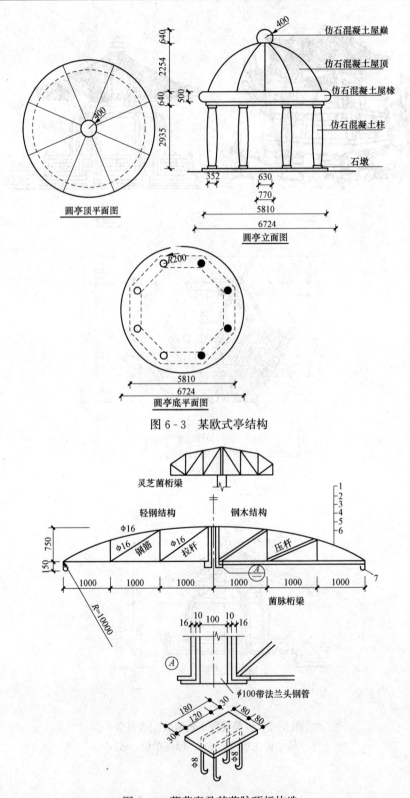

图 6 - 3　某欧式亭结构

图 6 - 4　蘑菇亭及其菌脉顶板构造

1—用丙烯酸酯涂料的蘑菇亭；2—厚 15cm 钢板网一层，批灰 1∶2 水泥浆；3—壳边加强筋；
4—辐射筋（含垂勾筋）；5—环筋；6—菌脉桁架；7—弧形通长辐射式垂钩钢筋

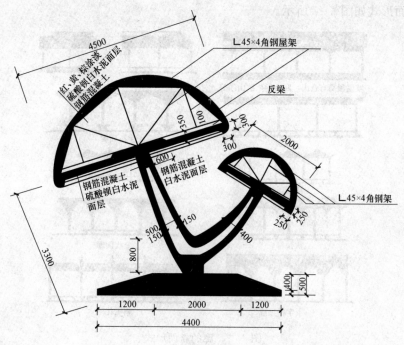

图 6-5　蘑菇亭的剖面

4. 廊的平面识读

根据位置和造景的需要，廊的平面可设计成直廊、弧形廊、曲廊、回廊及圆形廊等，如图 6-6 所示。

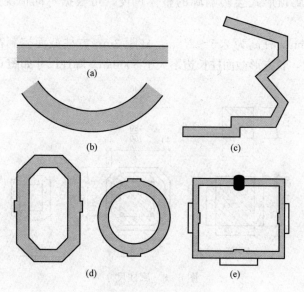

图 6-6　廊的平面形式

（a）直廊；（b）弧形廊；（c）曲廊；（d）回廊；（e）抄手廊

5. 廊的立面识读

廊的顶面基本形式有悬山、歇山、平顶、折板顶、十字顶、伞状顶等。

廊的立面形式如图 6-7 所示。

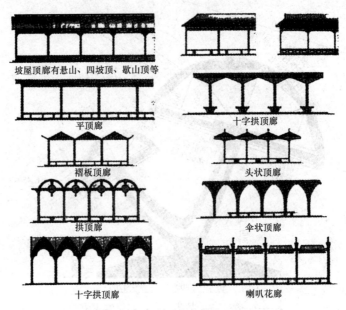

坡屋顶廊有悬山、四坡顶、歇山顶等

平顶廊　　　　　　十字拱顶廊

褶板顶廊　　　　　　头状顶廊

拱顶廊　　　　　　伞状顶廊

十字拱顶廊　　　　　　喇叭花廊

图 6-7　廊的立面形式

6. 廊的体量尺度

开间不宜过大，宜在 3m 左右，柱距 3m 左右，一般横向净宽在 1.2~1.5m，现在一些廊宽常在 2.5~3.0m 之间，以适应游客人流增长后的需要。檐口底皮高度在 2.4~2.8m 之间。不同的廊顶形式会影响廊的整体尺度，可根据不同情况选择，平顶、坡顶、卷棚均可。

一般柱径为 150mm，柱高为 2.5~2.8m，柱距 3m，方柱截面控制在 150mm×150mm~250mm×250mm 之间，长方形截面柱长边不大于 300mm。廊柱尺寸如图 6-8 所示。

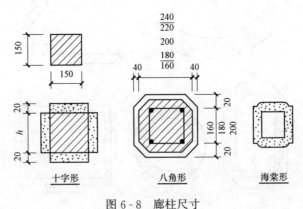

十字形　　　　八角形　　　　海棠形

图 6-8　廊柱尺寸

二、工程量清单计算规则

亭廊屋面工程量清单项目设置及工程量计算规则应按表 6-3 的规定执行。

表 6 - 3 　　　　　　　　　　　　亭廊屋面（编码：050303）

项目编码	项目名称	项目特征	计量单位	工程量计算规则	工作内容
050303001	草屋面	1. 屋面坡度 2. 铺草种类 3. 竹材种类 4. 防护材料种类	m²	按设计图示尺寸以斜面计算	1. 整理、选料 2. 屋面铺设 3. 刷防护材料
050303002	竹屋面			按设计图示尺寸以实铺面积计算（不包括柱、梁）	
050303003	树皮屋面			按设计图示尺寸以屋面结构外围面积计算	
050303004	油毡瓦屋面	1. 冷底子油品种 2. 冷底子油涂刷遍数 3. 油毡瓦颜色规格		按设计图示尺寸以斜面计算	1. 清理基层 2. 材料裁接 3. 刷油 4. 铺设
050303005	预制混凝土穹顶	1. 穹顶弧长、直径 2. 肋截面尺寸 3. 板厚 4. 混凝土强度等级 5. 拉杆材质、规格	m³	按设计图示尺寸以体积计算。混凝土脊和穹顶的肋、基梁并入屋面体积	1. 模板制作、运输、安装、拆除、保养 2. 混凝土制作、运输、浇筑、振捣、养护 3. 构件运输、安装 4. 砂浆制作、运输 5. 接头灌缝、养护
050303006	彩色压型钢板（夹芯板）攒尖亭屋面板	1. 屋面坡度 2. 穹顶弧长、直径 3. 彩色压型钢（夹芯）板品种、规格 4. 拉杆材质、规格 5. 嵌缝材料种类 6. 防护材料种类	m²	按设计图示尺寸以实铺面积计算	1. 压型板安装 2. 护角、包角、泛水安装 3. 嵌缝 4. 刷防护材料
050303007	彩色压型钢板（夹芯板）穹顶				
050303008	玻璃屋面	1. 屋面坡度 2. 龙骨材质、规格 3. 玻璃材质、规格 4. 防护材料种类			1. 制作 2. 运输 3. 安装
050303009	木（防腐木屋面）	1. 木（防腐木）种类 2. 防护层处理			1. 制作 2. 运输 3. 安装

注： 1. 柱顶石（磉蹬石）、钢筋混凝土屋面板、钢筋混凝土亭屋面板、木柱、木屋架、钢柱、钢屋架、屋面木基层和防水层等，应按现行国家标准《房屋建筑与装饰工程工程量计算规范》（GB 50854）中相关项目编码列项。

2. 膜结构的亭、廊，应按现行国家标准《仿古建筑工程工程量计算规范》（GB 50855）及《房屋建筑与装饰工程工程量计算规范》（GB 50854）中相关项目编码列项。

3. 竹构件连接方式应包括：竹钉固定、竹篾绑扎、铁丝连接。

三、工程量计算

【计算实例】

某屋顶平面、剖面、分解示意如图 6-9 所示。房屋顶屋的结构层由草铺设而成，从上往下依次为 300mm 厚人工种植土，150mm 厚珍珠岩过滤层，100mm 厚碎煤渣排水层，50mm 厚油毡与沥青防水层，20mm 厚水泥砂浆找平层，30mm 厚石棉瓦保温隔热层，20mm 厚找平层，100mm 厚结构楼板，20mm 厚抹灰层，屋面坡度为 0.4，屋面长 50m，宽 30m，长与宽的夹角为 60°，试求其工程量。

说明：房屋顶面平面图为平行四边形，计算屋面面积时，可把平行四边形分解成各个规则的矩形和三角形来计算。

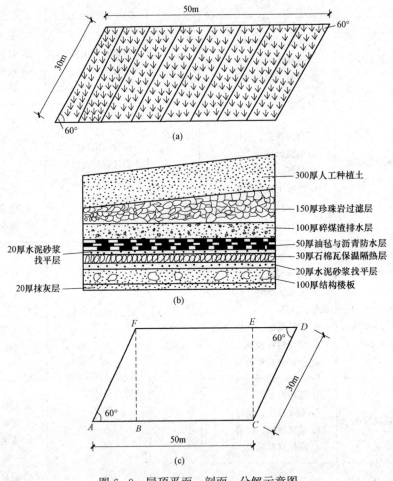

图 6-9　屋顶平面、剖面、分解示意图

(a) 屋顶平面图；(b) 屋顶平面结构剖面图；(c) 屋顶平面分解示意图

【解】

项目编码：050303001；项目名称：草屋面。

工程量计算规则：按设计图示尺寸以斜面面积计算。

屋面面积：

$$S = 草屋面面积 = 50m \times 30m \times \sin 60° = 1299（m^2）$$

清单工程量计算见表 6 - 4。

表 6 - 4　　　　　　　　　　　　清单工程量计算表

项目编码	项目名称	项目特征描述	计量单位	工程量
050303001001	草屋面	屋面坡度为 0.4，屋面长 50m，宽 30m，长与宽的夹角为 60°	m²	1299.00

第三节　花　　架

一、识图相关知识

1. 花架的类型

按照不同的分类方式可将花架分为不同的类型。

（1）按结构形式分类。

花架包括单柱花架和双柱花架。单柱花架，即在花架的中央布置柱，在柱的周围或两柱间设置休息椅凳，供游人休息、赏景、聊天。双柱花架又称两面柱花架，即在花架的两边用柱来支撑，并且布置休息椅凳，游人可在花架内漫步游览，也可坐在其间休息。

（2）按施工材料分类。

花架一般有竹制花架、木制花架、仿竹仿木花架、混凝土花架、砖石花架和钢质花架等。竹制、木制与仿竹木花架整体比较轻，适于屋顶花园选用，也可用于营造自然灵活、生活气息浓郁的园林小景。钢质花架富有时代感，且空间感强，适于与现代建筑搭配，在某些规划水景观景平台上采用效果也很好。混凝土花架寿命长，且能有多种色彩，样式丰富，可用于多种设计环境。

（3）按平面形式分类。

将花架组合可以构成丰富的平面形式。多数花架为直线形，对其进行组合，就能形成三边、四边乃至多边形。也有将平面设计成弧形，由此可以组合成圆形、扇形、曲线形等。花架的平面形式如图 6 - 10 所示。

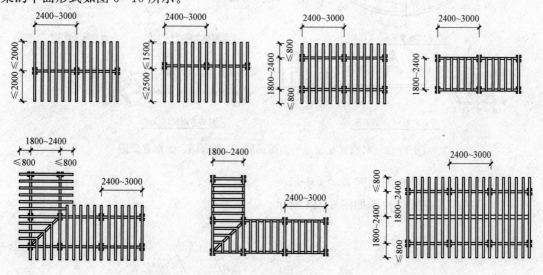

图 6 - 10　花架的平面形式（尺寸单位：mm）

（4）根据垂直支撑形式分类

花架的垂直支撑形式如图 6-11 所示。最常见的是立柱式，它可分为独立的方柱、长方、小八角、海棠截面柱等。可由复柱替代独立柱，又有平行柱、V 形柱等以增添艺术效果。也有采用花墙式花架，其墙体可用清水花墙、天然红石板墙、水刷石或白墙等。

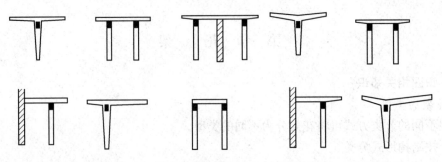

图 6-11　花架的垂直支撑形式

2. 花架案例图

（1）某欧式花架总平面图、V—V 剖面图、纵横立面图如图 6-12 所示。

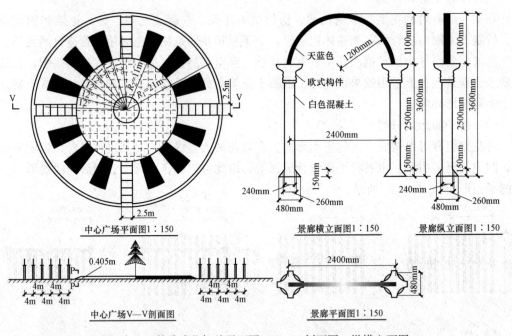

图 6-12　某欧式花架总平面图、V—V 剖面图、纵横立面图

（2）某中式花架结构图如图 6-13 所示。

（3）某现代式花架结构图如图 6-14 所示。

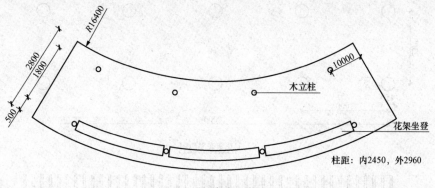

弧形架底平面图

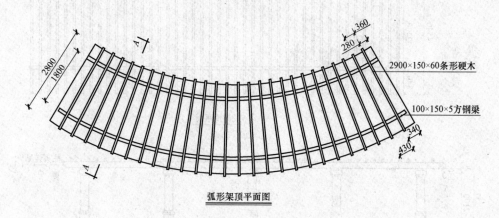

弧形架顶平面图

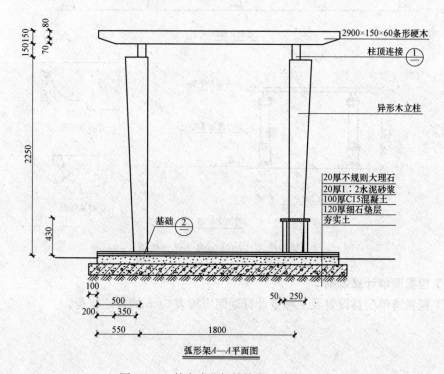

弧形架A—A平面图

图 6-13　某中式花架结构图（单位：mm）

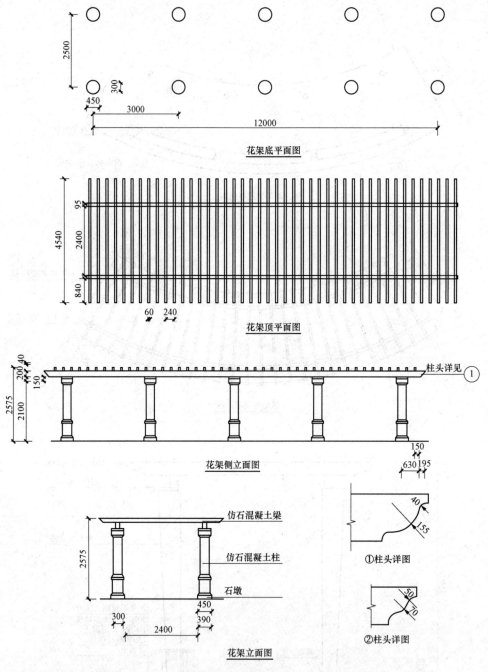

图 6-14　某现代式花架结构图（尺寸单位：mm）

二、工程量清单计算规则

花架工程量清单项目设置及工程量计算规则应按表 6-5 的规定执行。

表 6 - 5 花架（编码：050304）

项目编码	项目名称	项目特征	计量单位	工程量计算规则	工作内容
050304001	现浇混凝土花架柱、梁	1. 柱截面、高度、根数 2. 盖梁截面、高度、根数 3. 连系梁截面、高度、根数 4. 混凝土强度等级	m³	按设计图示尺寸以体积计算	1. 模板制作、运输、安装、拆除、保养 2. 混凝土制作、运输、浇筑、振捣、养护
050304002	预制混凝土花架柱、梁	1. 柱截面、高度、根数 2. 盖梁截面、高度、根数 3. 连系梁截面、高度、根数 4. 混凝土强度等级 5. 砂浆配合比			1. 模板制作、运输、安装、拆除、保养 2. 混凝土制作、运输、浇筑、振捣、养护 3. 构件运输、安装 4. 砂浆制作、运输 5. 接头灌缝、养护
050304003	金属花架柱、梁	1. 钢材品种、规格 2. 柱、梁截面 3. 油漆品种、刷漆遍数	t	按设计图示尺寸以质量计算	1. 制作、运输 2. 安装 3. 油漆
050304004	木花架柱、梁	1. 木材种类 2. 柱、梁截面 3. 连接方式 4. 防护材料种类	m³	按设计图示截面乘长度（包括榫长）以体积计算	1. 构件制作、运输、安装 2. 刷防护材料、油漆
050304005	竹花架柱、梁	1. 竹种类 2. 竹胸径 3. 油漆品种、刷漆遍数	1. m 2. 根	1. 以长度计量，按设计图示花架构件尺寸以延长米计算 2. 以根计量，按设计图示花架柱、梁数量计算	1. 制作 2. 运输 3. 安装 4. 油漆

注：花架基础、玻璃天棚、表面装饰及涂料项目应按现行国家标准《房屋建筑与装饰工程工程量计算规范》（GB 50854）中相关项目编码列项。

三、工程量计算

【计算实例】

某花架以原木为材料制作，如图 6 - 15 所示。已知花架长 6.6m，宽 2m，所有的木制构件（木柱、木梁、木檩条）均为正方形面的柱子，檩条长 2.2m，木柱高 2m，试求木花架柱、梁的清单工程量。

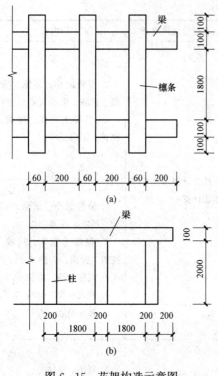

图 6-15　花架构造示意图

(a) 平面图；(b) 立面图

【解】

项目编码：050304004；项目名称：木花架柱、梁。

工程量计算规则：按设计图示截面面积乘长度（包括榫长）以体积计算。

(1) 木梁相关的工程量计算：

该题所给花架木梁长度为 6.60m，共 2 根。

木梁所用木材体积约＝木梁底面积×长度×根数＝（$0.1 \times 0.1 \times 6.6 \times 2$）$m^3$＝$0.13 m^3$

(2) 与柱子相关的工程量计算：该亭子的木柱长 2m，根据已知条件及图示尺寸计算，设一侧共有 x 根木柱，则有：

$$1.8 (x-1) + 0.2x + 0.2 \times 2 = 6.6$$

$$x = 4$$

所以亭子一侧共有 4 根木柱，整个亭子共有（4×2）根木柱，即 8 根木柱。

木柱所用木材工程量＝木柱底面积×高×根数：

（$0.2 \times 0.2 \times 2 \times 8$）$m^3$＝$0.64 m^3$

(3) 与木檩条相关的工程量计算：

已知檩条长度为 2.2m。

首先根据已知条件计算出亭子共有檩条数，设共有 x 根，则有关系式：

$$0.06x + 0.2 (x+2) = 6.6$$

得出 $x = 24$，则共有檩条 24 根。

檩条所用木材的工程量＝檩条底面积×檩条长度×根数

＝（$0.06 \times 0.06 \times 2.2 \times 24$）$m^3$＝$0.19 m^3$

花架梁工程量＝（$0.13 + 0.19$）m^3＝$0.32 m^3$

清单工程量计算见表 6-6。

表 6-6　　　　　　　　　　　　　　清单工程量计算表

序号	项目编码	项目名称	项目特征描述	计量单位	工程量
1	050304004001	木花架柱、梁	原木木柱截面为 200mm×200mm	m^3	0.64
2	050304004002	木花架柱、梁	原木纵梁截面 100mm×100mm，檩条截面 60mm×60mm	m^3	0.32

第四节　园　林　桌　椅

一、识图相关知识

1. 基本形式

制作园凳，园桌的材料有钢筋混凝土、石、陶瓷、木、铁等。园凳的形式如图 6-16

所示。

（1）铸铁架木板面靠背长椅，适于半卧半坐。

（2）条石凳，坚固耐久，朴素大方，便于就地取材。

（3）钢筋混凝土磨石子面，坚固耐久制作方便，造型轻巧，维修费用低。

（4）用混凝土塑成树桩或带皮原木凳各种形状和色彩的椅凳，可以点缀风景，增加趣味。此外还可以结合花台、挡土墙、栏杆、山石设计。

图 6-16 园凳的形式

2. 园凳的尺度

座椅应符合人体尺度。根据普通成年人休息坐姿的尺寸，座椅的尺寸应设计为：座板高度 350～450mm，座板水平倾角 6°～7°，椅面深度 400～600mm，靠背与座板夹角 98°～105°，靠背高度 350～650mm，座位宽度 600～70mm。园椅及园桌尺寸如图 6-17 所示。

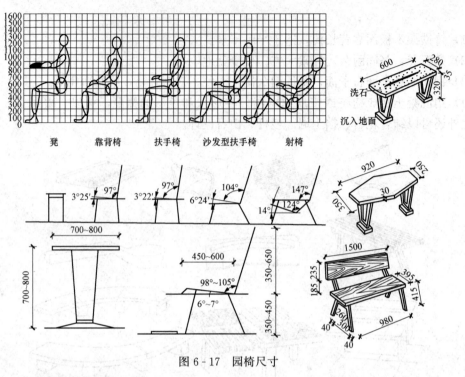

图 6-17 园椅尺寸

二、工程量清单计算规则

园林桌椅工程量清单项目设置及工程量计算规则应按表 6-7 的规定执行。

表 6-7 园林桌椅（编码：050304）

项目编码	项目名称	项目特征	计量单位	工程量计算规则	工作内容
050305001	预制钢筋混凝土飞来椅	1. 座凳面厚度、宽度 2. 靠背扶手截面 3. 靠背截面 4. 座凳楣子形状、尺寸 5. 混凝土强度等级 6. 砂浆配合比			1. 模板制作、运输、安装、拆除、保养 2. 混凝土制作、运输、浇筑、振捣、养护 3. 构件运输、安装 4. 砂浆制作、运输、抹面、养护 5. 接头灌缝、养护
050305002	水磨石飞来椅	1. 座凳面厚度、宽度 2. 靠背扶手截面 3. 靠背截面 4. 座凳楣子形状、尺寸 5. 砂浆配合比	m	按设计图示尺寸以座凳面中心线长度计算	1. 砂浆制作、运输 2. 制作 3. 运输 4. 安装
050305003	竹制飞来椅	1. 竹材种类 2. 座凳面厚度、宽度 3. 靠背扶手截面 4. 靠背截面 5. 座凳楣子形状 6. 铁件尺寸、厚度 7. 防护材料种类			1. 座凳面、靠背扶手、靠背、楣子制作、安装 2. 铁件安装 3. 刷防护材料

续表

项目编码	项目名称	项目特征	计量单位	工程量计算规则	工作内容
050305004	现浇混凝土桌凳	1. 桌凳形状 2. 基础尺寸、埋设深度 3. 桌面尺寸、支墩高度 4. 凳面尺寸、支墩高度 5. 混凝土强度等级、砂浆配合比			1. 模板制作、运输、安装、拆除、保养 2. 混凝土制作、运输、浇筑、振捣、养护 3. 砂浆制作、运输
050305005	预制混凝土桌凳	1. 桌凳形状 2. 基础形状、尺寸、埋设深度 3. 桌面形状、尺寸、支墩高度 4. 凳面尺寸、支墩高度 5. 混凝土强度等级 6. 砂浆配合比			1. 模板制作、运输、安装、拆除、保养 2. 混凝土制作、运输、浇筑、振捣、养护 3. 构件运输、安装 4. 砂浆制作、运输 5. 接头灌缝、养护
050305006	石桌石凳	1. 石材种类 2. 基础形状、尺寸、埋设深度 3. 桌面形状、尺寸、支墩高度 4. 凳面尺寸、支墩高度 5. 混凝土强度等级 6. 砂浆配合比	个	按设计图示数量计算	1. 土方挖运 2. 桌凳制作 3. 桌凳运输 4. 桌凳安装 5. 砂浆制作、运输
050305007	水磨石桌凳	1. 基础形状、尺寸、埋设深度 2. 桌面形状、尺寸、支墩高度 3. 凳面尺寸、支墩高度 4. 混凝土强度等级 5. 砂浆配合比			1. 旧凳制作 2. 桌凳运输 3. 桌凳安装 4. 砂浆制作、运输
050305008	塑树根桌凳	1. 桌凳直径 2. 桌凳高度 3. 砖石种类 4. 砂浆强度等级、配合比 5. 颜料品种、颜色			1. 砂浆制作、运输 2. 砖石砌筑 3. 塑树皮 4. 绘制木纹
050305009	塑树节椅				
050305010	塑料、铁艺、金属椅	1. 木座板面截面 2. 座椅规格、颜色 3. 混凝土强度等级 4. 防护材料种类			1. 制作 2. 安装 3. 刷防护材料

注： 木制飞来椅按现行国家标准《仿古建筑工程工程量计算规范》（GB 50855）相关项目编码列项。

三、工程量计算

【计算实例】

如图 6-18 所示为石桌石凳，求工程量。

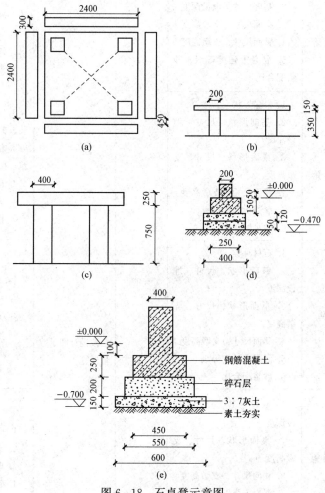

图 6-18　石桌凳示意图

（a）桌凳平面图；（b）凳子立面图；（c）桌子立面图；（d）凳腿基础剖面图；（e）桌腿基础剖面图

【解】

项目编码：050305006；项目名称：石桌石凳。

工程量计算规则：按设计图示数量计算。

石桌：1 个。

石凳：4 个。

清单工程量计算见表 6-8。

表 6-8　　　　　　　　　　　　　　　**清单工程量计算表**

序号	项目编码	项目名称	项目特征描述	计量单位	工程量
1	050305006001	石桌石凳	正方形 2.4m×2.4m，支墩高 0.75m	个	1
2	050305006002	石桌石凳	长方形 2.4m×0.3m，支墩高 350mm	个	4

第五节　喷　泉　安　装

一、识图相关知识

1. 喷泉的结构

一个喷泉主要是由喷水池、管道系统、喷头、阀门、水泵、灯光照明、电器设备等组成。图6-19和图6-20分别为典型喷泉给水排水管道系统平面布置和喷泉的灯光照明系统平面布置。

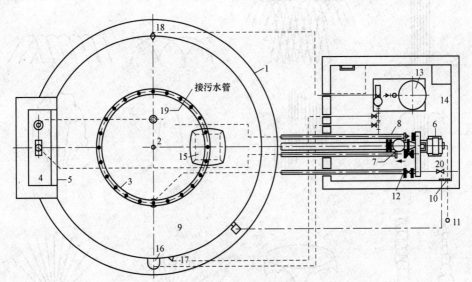

图6-19　喷水池给水排水系统典型平面布置

1—喷水池；2—加气喷头；3—环状管上的单射程喷头；4—高水池；5—堰；
6—水泵；7—吸水滤网；8—吸水关闭阀；9—低水池；10—风控制盘；11—风传感计；
12—平衡阀；13—过滤器；14—泵房；15—阻涡流板；16—除污器；17—真空管线；
18—可调进水设备；19—溢水口；20—水位控制阀

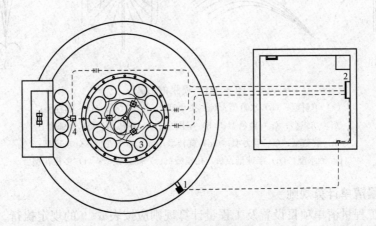

图6-20　喷水池照明布置图

1—低电控制器；2—程序盘；3—水下灯；4—接线盒

2. 喷泉的形式

喷泉喷水的形式多种多样，基本形式如图6-21所示。大中型喷泉通常是数种基本形式配合使用，共同构成丰富多彩的水态。

图6-21　喷泉的形式

(a) 单射型；(b) 水幕型；(c) 拱顶型；(d) 向心型；(e) 圆柱型；
(f) 纺织型；(g) 离色型；(h) 屋顶型；(i) 喇叭型；(j) 圆弧型；
(k) 蘑菇型；(l) 吸力型；(m) 旋转型；(n) 牵牛花型；(o) 扇型；
(p) 洒水型；(q) 半球型；(r) 孔雀型；(s) 蒲公英型；(t) 多径花型

二、工程量清单计算规则

喷泉安装工程量清单项目设置及工程量计算规则应按表6-9的规定执行。

表 6 - 9　　　　　　　　　　　喷泉安装（编码：050306）

项目编码	项目名称	项目特征	计量单位	工程量计算规则	工作内容
050306001	喷泉管道	1. 管材、管件、阀门、喷头品种 2. 管道固定方式 3. 防护材料种类	m	按设计图示管道中心线长度以延长米计算，不扣除检查（阀门）井、阀门、管件及附件所占的长度	1. 土（石）方挖运 2. 管材、管件、阀门、喷头安装 3. 刷防护材料 4. 回填
050306002	喷泉电缆	1. 保护管品种、规格 2. 电缆品种、规格		按设计图示单根电缆长度以延长米计算	1. 土（石）方挖运 2. 电缆保护管安装 3. 电缆敷设 4. 回填
050306003	水下艺术装饰灯具	1. 灯具品种、规格 2. 灯光颜色	套		1. 灯具安装 2. 支架制作、运输、安装
050306004	电气控制柜	1. 规格、型号 2. 安装方式	台	按设计图示数量计算	1. 电气控制柜（箱）安装 2. 系统调试
050306005	喷泉设备	1. 设备品种 2. 设备规格、型号 3. 防护网品种、规格			1. 设备安装 2. 系统调试 3. 防护网安装

注：1. 喷泉水池应按现行国家标准《房屋建筑与装饰工程工程量计算规范》（GB 50854）中相关项目编码列项。
　　2. 管架项目应按现行国家标准《房屋建筑与装饰工程工程量计算规范》（GB 50854）中钢支架项目单独编码列项。

三、工程量计算

【计算实例】

某广场中心建有一个半径为 4m 的小型喷泉，如图 6 - 22 所示。管道采用螺纹连接的焊接钢管材料，管道表面刷防护材料沥青漆两道，有低压塑料螺纹阀门 2 个，D_w 为 30，DN＝35 螺纹连接水表一组，试求其工程量。

【解】

项目编码：050306001；项目名称：喷泉管道。

工程量计算规则：按设计图示尺寸以长度计算。

(1) DN30 的焊接钢管（螺纹连接）总长度为 10.00m。

(2) DN25 的焊接钢管（螺纹连接）总长度为 9.62mm。

(3) DN20 的焊接钢管（螺纹连接）总长度＝（2×8＋3.14×1）m＝19.14m。

(4) DN35 的焊接钢管（螺纹连接）总长度＝9.62m。

清单工程量计算见表 6 - 10。

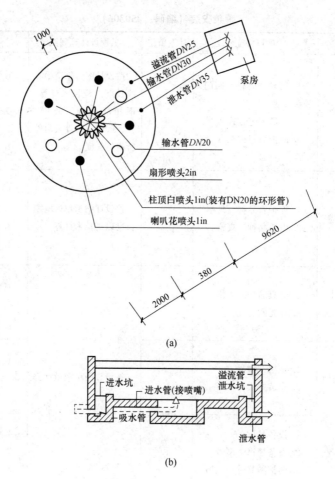

（a）

（b）

图 6-22　喷泉管线喷头布置示意

（a）平面图；（b）剖面图

注：1in＝25.4mm。

表 6-10　　　　　　　　　　　　　　清单工程量计算表

序号	项目编码	项目名称	项目特征描述	计量单位	工程量
1	050306001001	喷泉管道	DN30	m	10.00
2	050306001002	喷泉管道	DN25	m	9.62
3	050306001003	喷泉管道	DN20	m	19.14
4	050306001004	喷泉管道	DN35	m	9.62

第六节　杂　　　项

一、识图相关知识

1. 园灯的基本组成及构造

（1）灯柱。

多为支柱形，支撑光源及确定光源的高度，构成材料有金属灯柱、钢筋混凝土灯柱、竹木灯柱及仿竹木灯柱等。柱截面多为圆形与多边形两种。

（2）灯罩。

主要是保护光源，使直接发光源变为散射光或反射光，用乳白灯罩或者有机玻璃灯罩，可避免刺目眩光。它的形状包括球形、半球形、圆形以及半圆形、角形、纺锤形及组合形等。所用材料有铁、钢化玻璃、镶金属铝、塑胶、搪瓷、陶瓷、有机玻璃等。

（3）灯泡及光源。

1）汞灯功率 400～2000W，可使草坪、树木的绿色格外鲜明抢眼。使用寿命长，容易维修，是目前园林中最合适的光源之一。

2）金属卤化物灯发光效率高，显色性能好，适用于游客多的地方。但没有低瓦数的灯，使用范围会受到限制。

3）高压钠灯效率高，一般用于节能、照度要求高的场所，如广场、园路、游乐园之中，但是不能真实反映绿色。

4）荧光灯照明效果好，寿命较长，在范围较小的庭院中适用，不适合广场与低温条件工作。

5）白炽灯能使黄色、红色更加美丽夺目，适宜作庭院照明与投光照明，但寿命短。

6）水下照明彩灯：随着我国城建与园林、旅游事业的发展，上海特种灯泡厂与重庆等地专门生产了适用于宾馆、广场、园林喷泉水池的水下照明彩灯，代替了进口同类产品，经济节约，并适用我国的常用电压 220V。这种灯颜色较丰富，有红、黄、绿、蓝、紫等，可装于水面下 30～100mm，是彩色喷泉的重要组成部分。

（4）基座。

固定与保护灯柱的部分，避免人流的撞击对灯柱造成的损害。通常可用天然石块加工而成，或者用砖块、混凝土、铸铁等制成。为安装电器设备，基座内应预留洞口，应不小于 150mm×150mm，或根据电器设备需要而定，并设有开闭的小门加以保护。

2. 栏杆的构图

（1）栏杆是一种长形的、连续的构筑物，因为设计和施工的要求，常按单元来划分制作。栏杆的构图要单元好看；更要整体美观，在长距离内连续的重复，产生韵律美感，因此某些具体的图案、标志往往不如抽象的几何线条组成给人感受强烈。

（2）栏杆的构图要服从环境的要求。例如：桥栏、平曲桥的栏杆有时仅是二道横线，与平桥造型呼应，而拱桥的栏杆则是循着桥身呈拱形的。

（3）栏杆色彩的隐显选择，切不可喧宾夺主。

（4）栏杆的构图除了美观，也和造价关系密切，要疏密相间、用料恰当，每单元节约一点，总体相当可观。

3. 标志牌施工相关内容

标志牌施工相关内容见表 6-11。导游标示材料类型见表 6-12。

表 6-11　　　　标志牌施工相关内容

项目	内容
导游标示的材料类型	导游标示的材料类型主要有金属标识、石材标识、木质标识、陶瓷标识和塑质标识等，具体内容见表 6-12

项目		内容
宣传牌施工要求	一般要求	一般宣传牌设在人流路线以外的绿地之中，且前部应留有一定的场地，与广场结合的宣传牌，其前部的场地应利用广场，不需要单独开辟。宣传牌的两侧或后部适宜与花坛或乔木结合，为方便人们浏览，橱窗的高度控制在视域范围内
	材料选择	（1）主件材料。主件材料一般选用经久耐用的花岗岩类天然石、不锈钢、铝、钛、红杉类坚固耐用木材、瓷砖、丙烯板等。 （2）构件材料。构件材料除选择与主件相同的材料外，还可采用混凝土、钢材、砖材等
	位置处理	宣传牌的位置应选在游人停留较多之处，如园内各类广场、建筑物前、道路交叉口等地段。另外，还可与挡土墙、围墙、花坛、花台以及其他园林环境相结合

表 6-12   **导游标示材料类型**

标示材料	特点
金属标识	金属标识除了采用刻字（在金属板上刻文字）、镶块字（凹陷金属板、黏结文字）等比较特殊的工艺以外，还有加工文字和底牌的方法（如抛光底牌或底牌拉道处理等）、改变文字或底牌材质的方法以及借助印刷品的方法
石材标识	石材标识一般采用修饰、加工石料和改变文字两种处理方法。如粗琢底料、喷燃文字、嵌砌金属文字等
木质标识	木质标识一般采用雕刻或粘贴印刷品的方法制作。丙烯板一般以粘贴印刷品的办法制成，所贴印刷品分两种，即纺织印刷品和摄影印刷品。其中包括竹材
陶瓷标识	陶瓷标识采用烧制带有标志的陶瓷进行制作
塑质标识	塑质标识一般使用丙烯板粘贴印刷品的办法制成，有纺织印刷品和摄影印刷品两种贴材方法。 对于城市综合性园林或大型风景区来说，导游标识的使用材料多种多样，不一而足，只要能够与环境之间形成协调、统一的关系，并满足导游功能，采用任何材料、无论对材料处理与否都是可以应用的

二、工程量清单计算规则

杂项工程量清单项目设置及工程量计算规则应按表 6-13 的规定执行。

表 6-13   **杂项（编码：050307）**

项目编码	项目名称	项目特征	计量单位	工程量计算规则	工作内容
050307001	石灯	1. 石料种类 2. 石灯最大截面 3. 石灯高度 4. 砂浆配合比	个	按设计图示数量计算	1. 制作 2. 安装
050307002	石球	1. 石料种类 2. 球体直径 3. 砂浆配合比			
050307003	塑仿石音箱	1. 音箱石内空尺寸 2. 铁丝型号 3. 砂浆配合比 4. 水泥漆颜色			1. 胎模制作、安装 2. 铁丝网制作、安装 3. 砂浆制作、运输 4. 喷水泥漆 5. 埋置仿石音箱

续表

项目编码	项目名称	项目特征	计量单位	工程量计算规则	工作内容
050307004	塑树皮梁、柱	1. 塑树种类 2. 塑竹种类 3. 砂浆配合比 4. 喷字规格、颜色 5. 油漆品种、颜色	1. m² 2. m	1. 以平方米计量，按设计图示尺寸以梁柱外表面积计算 2. 以米计量，按设计图示尺寸以构件长度计算	1. 灰塑 2. 刷涂颜料
050307005	塑竹梁、柱				
050307006	铁艺栏杆	1. 铁艺栏杆高度 2. 铁艺栏杆单位长度重量 3. 防护材料种类	m	按设计图示尺寸以长度计算	1. 铁艺栏杆安装 2. 刷防护材料
050307007	塑料栏杆	1. 栏杆高度 2. 塑料种类			1. 下料 2. 安装 3. 校正
050307008	钢筋混凝土艺术围栏	1. 围栏高度 2. 混凝土强度等级 3. 表面涂敷材料种类	1. m² 2. m	1. 以平方米计量，按设计图示尺寸以面积计算 2. 以米计量，按设计图示尺寸以延长米计算	1. 制作 2. 运输 3. 安装 4. 砂浆制作、运输 5. 接头灌缝、养护
050307009	标志牌	1. 材料种类、规格 2. 镌字规格、种类 3. 喷字规格、颜色 4. 油漆品种、颜色	个	按设计图示数量计算	1. 选料 2. 标志牌制作 3. 雕凿 4. 镌字、喷字 5. 运输、安装 6. 刷油漆
050307010	景墙	1. 土质类别 2. 垫层材料种类 3. 基础材料种类、规格 4. 墙体材料种类、规格 5. 墙体厚度 6. 混凝土、砂浆强度等级、配合比 7. 饰面材料种类	1. m³ 2. 段	1. 以立方米计量，按设计图示尺寸以体积计算 2. 以段计量，按设计图示尺寸以数量计算	1. 土（石）方挖运 2. 垫层、基础铺设 3. 墙体砌筑 4. 面层铺贴

项目编码	项目名称	项目特征	计量单位	工程量计算规则	工作内容
050307011	景窗	1. 景窗材料品种、规格 2. 混凝土强度等级 3. 砂浆强度等级、配合比 4. 涂刷材料品种	m²	按设计图示尺寸以面积计算	1. 制作 2. 运输 3. 砌筑安放 4. 勾缝 5. 表面涂刷
050307012	花饰	1. 花饰材料品种、规格 2. 砂浆配合比 3. 涂刷材料品种			
050307013	博古架	1. 博古架材料品种、规格 2. 混凝土强度等级 3. 砂浆配合比 4. 涂刷材料品种	1. m² 2. m 3. 个	1. 以平方米计量，按设计图示尺寸以面积计算 2. 以米计量，按设计图示尺寸以延长米计算 3. 以个计量，按设计图示数量计算	1. 制作 2. 运输 3. 砌筑安放 4. 勾缝 5. 表面涂刷
050307014	花盆（坛、箱）	1. 花盆（坛）的材质及类型 2. 规格尺寸 3. 混凝土强度等级 4. 砂浆配合比	个	按设计图示尺寸以数量计算	1. 制作 2. 运输 3. 安放
050307015	摆花	1. 花盆（钵）的材质及类型 2. 花卉品种与规格	1. m² 2. 个	1. 以平方米计量，按设计图示尺寸以水平投影面积计算 2. 以个计量，按设计图示数量计算	1. 搬运 2. 安放 3. 养护 4. 撤收
050307016	花池	1. 土质类别 2. 池壁材料种类、规格 3. 混凝土、砂浆强度等级、配合比 4. 饰面材料种类	1. m³ 2. m 3. 个	1. 以立方米计量，按设计图示尺寸以体积计算 2. 以米计量，按设计图示尺寸以池壁中心线处延长米计算 3. 以个计量，按设计图示数量计算	1. 垫层铺设 2. 基础砌（浇）筑 3. 墙体砌（浇）筑 4. 面层铺贴
050307017	垃圾箱	1. 垃圾箱材质 2. 规格尺寸 3. 混凝土强度等级 4. 砂浆配合比	个	按设计图示尺寸以数量计算	1. 制作 2. 运输 3. 安放

续表

项目编码	项目名称	项目特征	计量单位	工程量计算规则	工作内容
050307018	砖石砌小摆设	1. 砖种类、规格 2. 石种类、规格 3. 砂浆强度等级、配合比 4. 石表面加工要求 5. 勾缝要求	1. m³ 2. 个	1. 以立方米计量，按设计图示尺寸以体积计算 2. 以个计量，按设计图示尺寸以数量计算	1. 砂浆制作、运输 2. 砌砖、石 3. 抹面、养护 4. 勾缝 5. 石表面加工
050307019	其他景观小摆设	1. 名称及材质 2. 规格尺寸	个	按设计图示尺寸以数量计算	1. 制作 2. 运输 3. 安装
050307020	柔性水池	1. 水池深度 2. 防水（漏）材料品种	m²	按设计图示尺寸以水平投影面积计算	1. 清理基层 2. 材料裁接 3. 铺设

注：砌筑果皮箱，放置盆景的须弥座等，应按砖石砌小摆设项目编码列项。

三、工程量计算

【计算实例】

塑竹凉亭示意如图 6-23 所示。凉亭为塑竹柱、梁，凉亭柱高 3.5m，共 4 根；梁长 2m，共 4 根。梁、柱用角钢作芯，外用水泥砂浆塑面，做出竹节，最外层涂有灰面乳胶漆三道。柱子截面半径为 0.2m，梁截面半径为 0.1m，亭柱埋入地下 0.5m。亭顶面为等边三角形，边长为 6m，亭顶面板制作厚度为 2cm，亭面坡度为 1：40。亭子高出地面 0.3m，为砖基础，表面铺水泥，砖基础下为 50mm 厚混凝土，100mm 厚粗砂，120mm 厚 3：7 灰土垫层素土夯实，试求其工程量。

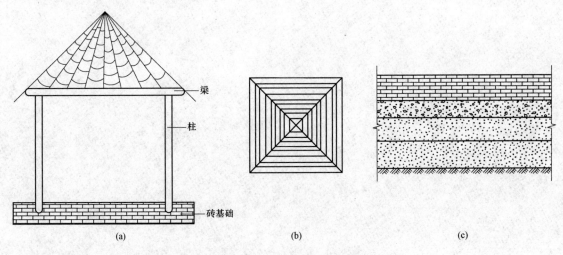

图 6-23　塑竹凉亭示意

(a) 亭子立面图；(b) 亭子平面图；(c) 砖基础与垫层剖面图

【解】

项目编码：050307005；项目名称：塑竹梁、柱。

工程量计算规则：按设计图示尺寸以梁柱外表面积计算或以构件长度计算。

塑竹梁、柱面积：

$$S = S_柱 + S_梁 = 2\pi RH \times 根数 + 2\pi rh \times 根数$$
$$= (2 \times 3.14 \times 0.2 \times 3.5 \times 4 + 2 \times 3.14 \times 0.1 \times 4)\ m^2$$
$$= (17.58 + 2.51)\ m^2$$
$$= 22.61 m^2$$

清单工程量计算见表 6 - 14。

表 6 - 14　　　　　　　　　　　　清单工程量计算表

项目编码	项目名称	项目特征描述	计量单位	工程量
050307005001	塑竹梁、柱	柱高 3.5m，共 4 根 梁长 2 m，共 4 根	m²	22.61

参 考 文 献

[1] 谷康，付喜娥．园林制图与识图．2 版［M］．南京：东南大学出版社，2010.

[2]《园林绿化工程识图与预算快学一本通》编委会．园林绿化工程识图与预算快学一本通［M］．北京：机械工业出版社，2012.

[3] 王芳，杨青果，王云才．景观施工图识图与绘制［M］．上海：上海交通大学出版社，2014.

[4]《看图快速学习园林工程施工技术》编委会．看图快速学习园林工程施工技术：园林工程识图．［M］．北京：机械工业出版社，2014.

[5] 李杰主．园林工程识图技巧必读［M］．天津：天津大学出版社，2012.

[6] 马晓燕，冯丽．园林制图速成与识图［M］．北京：化学工业出版社，2010.

[7] 陈楠．园林绿化工程工程量清单计价细节解析与实例详解［M］．武汉：华中科技大学出版社，2014.

[8]《园林工程技术手册》编委会．园林工程技术手册［M］．合肥：安徽科学技术出版社，2014.

[9]《看范例快速学预算之园林工程预算（第 3 版）》编委会．看范例快速学预算之园林工程预算［M］．北京：机械工业出版社，2013.

[10] 鲁敏，刘佳，高凯．园林工程概预算与工程量清单计价［M］．北京：化学工业出版社，2008.